システム制御工学シリーズ　11

実践ロバスト制御

博士(工学)　平田　光男　著

コロナ社

システム制御工学シリーズ編集委員会

編集委員長 池田　雅夫（大阪大学・工学博士）
編 集 委 員 足立　修一（慶應義塾大学・工学博士）
　（五十音順）　梶原　宏之（九州大学・工学博士）
　　　　　　　杉江　俊治（京都大学・工学博士）
　　　　　　　藤田　政之（東京工業大学・工学博士）

（2007年1月現在）

□□□□□□□□ 刊行のことば □□□□□□□□

　わが国において，制御工学が学問として形を現してから，50年近くが経過した．その間，産業界でその有用性が証明されるとともに，学界においてはつねに新たな理論の開発がなされてきた．その意味で，すでに成熟期に入っているとともに，まだ発展期でもある．

　これまで，制御工学は，すべての製造業において，製品の精度の改善や高性能化，製造プロセスにおける生産性の向上などのために大きな貢献をしてきた．また，航空機，自動車，列車，船舶などの高速化と安全性の向上および省エネルギーのためにも不可欠であった．最近は，高層ビルや巨大橋梁（きょうりょう）の建設にも大きな役割を果たしている．将来は，地球温暖化の防止や有害物質の排出規制などの環境問題の解決にも，制御工学はなくてはならないものになるであろう．今後，制御工学は工学のより多くの分野に，いっそう浸透していくと予想される．

　このような時代背景から，制御工学はその専門の技術者だけでなく，専門を問わず多くの技術者が習得すべき学問・技術へと広がりつつある．制御工学，特にその中心をなすシステム制御理論は難解であるという声をよく耳にするが，制御工学が広まるためには，非専門のひとにとっても理解しやすく書かれた教科書が必要である．この考えに基づき企画されたのが，本「システム制御工学シリーズ」である．

　本シリーズは，レベル0（第1巻），レベル1（第2〜7巻），レベル2（第8巻以降）の三つのレベルで構成されている．読者対象としては，大学の場合，レベル0は1，2年生程度，レベル1は2，3年生程度，レベル2は制御工学を専門の一つとする学科では3年生から大学院生，制御工学を主要な専門としない学科では4年生から大学院生を想定している．レベル0は，特別な予備知識なしに，制御工学とはなにかが理解できることを意図している．レベル1は，少

し数学的予備知識を必要とし，システム制御理論の基礎の習熟を意図している。レベル2は少し高度な制御理論や各種の制御対象に応じた制御法を述べるもので，専門書的色彩も含んでいるが，平易な説明に努めている。

　1990年代におけるコンピュータ環境の大きな変化，すなわちハードウェアの高速化とソフトウェアの使いやすさは，制御工学の世界にも大きな影響を与えた。だれもが容易に高度な理論を実際に用いることができるようになった。そして，数学の解析的な側面が強かったシステム制御理論が，最近は数値計算を強く意識するようになり，性格を変えつつある。本シリーズは，そのような傾向も反映するように，現在，第一線で活躍されており，今後も発展が期待される方々に執筆を依頼した。その方々の新しい感性で書かれた教科書が制御工学へのニーズに応え，制御工学のよりいっそうの社会的貢献に寄与できれば，幸いである。

1998年12月

編集委員長　池田雅夫

まえがき

　工作機械，ロボット，ハードディスクや光磁気ディスクなどの情報機器，およびステッパなどの半導体製造装置の位置決め制御においては，高性能化に対する要求から，高速，高精度，高信頼性の実現が求められている。そのためには，制御系の広帯域化が不可欠となるが，モデル化誤差や制御対象が持つ機械共振モードの影響などから必ずしも容易ではない。そのため，今まで設計時に考慮しなかった，もしくはそれが難しかったモデル化誤差や摂動要素を何とか設計時に考慮し，より不確実さに強い頑健な制御系を設計しようという考えが生まれた。これらがロバスト制御であり，90年代後半までにH_∞制御やμ設計法などとして体系化された。それまでは，制御系設計において理論と実際には大きなギャップがあり，設計どおりの制御性能はなかなか得られないという共通の認識が制御系設計技術者の間にはあったが，ロバスト制御の出現でこうした「理論と実際のギャップ」はしだいに少なくなっている。これは，ロバスト制御がギャップの存在をいかにして埋めるかということに力が注がれたからにほかならない。

　当初，ロバスト制御は簡単な問題であっても解の計算が非常に難しかった。しかしながら，2リッカチアルゴリズム[1]†が導出されたことに加えてMATLABなどの制御系設計支援ツールも整い，今では誰もがすぐに設計に取りかかれるようになっている。制御器の計算部分が制御系設計支援ツールの関数としてあらかじめ用意されているため，難しい理論書を読んで内容を完全に理解しなくても解が求められるからである。したがって，現場の制御技術者は，H_∞制御解の導出を理解することより，むしろ制御系設計者の立場から，与えられた制御問題をいかにしてH_∞制御問題として定式化し，さらにそれらをMATLAB

---

†　肩付き数字は巻末の引用・参考文献の番号を表す。

などの制御系設計支援ツールを使ってどのように答えを求めるか，といった実践的な側面が重要になってきている．そのためには，極端な話，最初のうちは解の導出過程はブラックボックスであってもよいといえる．

そこで，本書では，H_∞制御およびμ設計法について，これらの設計法をロバスト制御系設計のツールとしていかに使いこなすかという点に主眼を置いて平易に解説することを試みた．まず，第1章で，実際の制御系設計の流れの中で，ロバスト制御がなぜ必要になるかを説明する．そして，第2章でH_∞制御理論について説明する．まず，問題設定と定式化およびH_∞ノルムについて説明した後，通常よく用いられる標準H_∞制御問題とそこで置かれるさまざまな「仮定」について，できるだけ詳しく説明する．H_∞制御では制御器設計のための「一般化プラント」の構成が重要となるが，そのためには仮定の意味をきちんと理解しておく必要がある．一方，解法については，MATLABを使えば解が求まるので，必要最低限の説明にとどめた．

第3章では，不確かさの表現について説明した後，それら不確かさに対して制御系がロバスト安定となるための条件をスモールゲイン定理を使って導出する．その結果を使って，第4章では，混合感度問題と呼ばれる典型的なH_∞制御問題とその問題点および解決方法について説明する．また，H_∞制御が苦手とする時間応答の改善によく用いられる2自由度制御についても説明する．

第5章では，具体的な設計例としてハードディスクドライブ（HDD）のヘッド位置決め制御を取り上げ，HDDベンチマーク問題[2],[3]で定義された制御対象に対し，一般化プラントの構成および重みの選択から制御器の実装までを，MATLABのプログラムを示しながら説明を加える．さらに，オーバーシュートを抑えた設計や，ゲイン余裕や位相余裕の条件を満たす設計，そして，制御器の離散化など，より実践的な内容についても触れる．

最後の章である第6章では，μ設計法[4]について説明する．μ設計法では，H_∞制御では取り扱うことの難しい構造的摂動やロバスト性能問題を扱うことができる．特に，MATLABのRobust Control Toolbox（以下，RCT）を使うと，H_∞制御とほぼ同じ感覚でμ設計が行えることから，RCTの使用を前

提とし，MATLABのプログラムを示しながら設計手順をできるだけ詳しく説明する．さらに，RCTではバージョンR2009aから実数の摂動がある場合のμ設計（混合μ設計）が行えるようになったことから，このパワフルな機能を活用できるよう，混合μ設計の設計例も紹介する．

本書を理解するためには，線形システムの基礎に関する知識が必要となることから，特に本書と関連の深い内容について付録Aにまとめた．また，第6章で用いる線形分数変換については付録Bにまとめた．必要に応じて参照されたい．演習問題については，単なる内容の確認だけでなく，本文で書ききれなかった内容を演習問題の形にしたものも含まれることから，すべての問題に取り組まれることをお勧めする．

本書を片手に，ぜひ，ロバスト制御系の設計に挑戦していただきたい．

最後に，本書を執筆する機会を与えてくださった『システム制御工学シリーズ』の編集委員会委員各位に深く感謝する．特に，東京工業大学 藤田政之 先生には，ドラフト原稿をていねいに読んでいただき，不適切な表現や誤りなどを数多くご指摘いただいた．また，この場を借りて，筆者をロバスト制御の分野に導いてくださった故・美多 勉 先生に心より感謝する．そして，原稿の完成を長きにわたって辛抱強く待っていただいたコロナ社に厚く感謝する．

2017年2月

平田光男

◆◆◆◆◆ 本書で使用するソフトウェアについて ◆◆◆◆◆

本書では，MATLAB の使用を前提としている。MATLAB 本体のほか，Control System Toolbox（CST）と Robust Control Toolbox（RCT）も必要となるので注意してほしい。本書執筆時の実行環境および MATLAB のバージョンを表に示す。表よりも新しいバージョンであれば基本的に動作すると思われるが，MATLAB 実行エンジンの改良などによって，計算結果が若干異なる場合がある。

表 実行環境と MATLAB のバージョン

オペレーティングシステム	Windows 7 Professional 64 bit
MATLAB	Ver.8.2 (R2013b)
Control System Toolbox	Ver.9.6 (R2013b)
Robust Control Toolbox	Ver.5.0 (R2013b)

本書で示したプログラムは，下記の URL からダウンロードできる。プログラムの実行方法などについては，ダウンロードファイルに添付されているドキュメントを参考にされたい。

http://www.coronasha.co.jp/np/isbn/9784339033113/

目　次

1. ロバスト制御のシナリオ

1.1　ロバスト制御とは　……………………………………………………　 1
1.2　フィードバック制御系　…………………………………………………　 3
1.3　モデル化誤差とロバスト性　……………………………………………　 8
1.4　摂動の種類とロバスト制御の代表的な方法　…………………………　14
　1.4.1　構造的摂動と非構造的摂動　………………………………………　14
　1.4.2　H_∞制御とμ設計法　………………………………………………　16
1.5　ロバスト制御系設計のためのソフトウェア　…………………………　17
演　習　問　題　………………………………………………………………　20

2. H_∞ 制 御 理 論

2.1　問題設定および定式化　…………………………………………………　21
2.2　一般化プラント　…………………………………………………………　24
2.3　標準H_∞制御問題　………………………………………………………　28
2.4　H_∞制御問題の解法　……………………………………………………　33
2.5　MATLABによるH_∞制御器設計　………………………………………　37
演　習　問　題　………………………………………………………………　38

3. 不確かさの表現とロバスト安定化

3.1　乗法的摂動と加法的摂動　………………………………………………　40

	3.1.1	乗法的摂動 ………………………………………………	40
	3.1.2	加法的摂動 ………………………………………………	43
	3.1.3	乗法的摂動と加法的摂動の見積もり ………………………	44
3.2	ロバスト安定化問題 ………………………………………………		46
	3.2.1	スモールゲイン定理 …………………………………………	46
	3.2.2	乗法的摂動に対するロバスト安定化 ………………………	47
	3.2.3	加法的摂動に対するロバスト安定化 ………………………	48
	3.2.4	ロバスト安定化条件の意味 …………………………………	49
演 習 問 題 ………………………………………………………………			50

4. H_∞制御系設計

4.1	混合感度問題 ……………………………………………………		52
4.2	2自由度振動系に対する設計例 …………………………………		56
	4.2.1	摂動を持つ制御対象の定義 …………………………………	56
	4.2.2	乗法的摂動の見積もりと重み関数 …………………………	60
	4.2.3	感度関数に対する重みと H_∞ 制御器の計算 …………	62
	4.2.4	閉ループ特性の評価 …………………………………………	65
4.3	修正混合感度問題 …………………………………………………		69
	4.3.1	混合感度問題の問題点と解決方法 …………………………	69
	4.3.2	一般化プラントの構成 ………………………………………	72
4.4	2自由度制御による目標値応答の改善 …………………………		78
演 習 問 題 ………………………………………………………………			85

5. ハードディスクドライブの H_∞ 制御

5.1	制 御 対 象 …………………………………………………		87
5.2	修正混合感度問題による設計 ……………………………………		92
	5.2.1	設 計 I ………………………………………………	92

5.2.2	設計 II（W_{PS} の変更）………………………………	100
5.2.3	設計 III（W_T の変更）…………………………………	104

5.3 安定余裕を考慮した設計 ………………………………… 108
  5.3.1 はじめに ……………………………………… 108
  5.3.2 安定余裕と円条件 ……………………………… 109
  5.3.3 設計 IV（設計例）……………………………… 112

5.4 制御器の実装 ……………………………………………… 118
  5.4.1 最適解と準最適解 ……………………………… 118
  5.4.2 制御器の離散化 ………………………………… 120
  5.4.3 制御器実装と演算量の低減 …………………… 123

演 習 問 題 ……………………………………………………… 129

6. μ 設 計 法

6.1 構造化特異値 μ ……………………………………… 131
6.2 パラメータ摂動の LFT 表現 …………………………… 134
6.3 構造的摂動に対するロバスト安定化 …………………… 143
6.4 ロバスト性能と μ ……………………………………… 144
6.5 D–K イタレーションによる μ 設計 ………………… 147
6.6 設 計 例 ………………………………………………… 149
  6.6.1 はじめに ……………………………………… 149
  6.6.2 3 慣性系ベンチマーク問題 …………………… 149
  6.6.3 問題設定 ……………………………………… 152
  6.6.4 設計 I（非構造的摂動＋ロバスト性能）……… 153
  6.6.5 設計 II（構造的摂動＋ロバスト性能）………… 166
  6.6.6 設計 III（実数の構造的摂動＋ロバスト性能）… 171

付録A. 線形システムの基礎

- A.1 システムの表現 ································ 176
  - A.1.1 線形時不変システム ···················· 176
  - A.1.2 伝達関数 ································· 176
  - A.1.3 状態空間実現 ···························· 180
  - A.1.4 伝達関数と状態空間実現の関係 ········ 182
- A.2 システムの解析 ································ 184
  - A.2.1 安定性 ···································· 184
  - A.2.2 可制御性 ································· 186
  - A.2.3 可観測性 ································· 188
  - A.2.4 多入出力システムの零点 ················ 190
- A.3 基本的なフィードバック制御系 ············· 191
  - A.3.1 フィードバック制御系の適切さ ········ 191
  - A.3.2 内部安定性 ······························· 192

付録B. 線形分数変換

- B.1 準備 ··· 194
- B.2 上側線形分数変換（upper LFT）············ 195
- B.3 下側線形分数変換（lower LFT）············ 195
- B.4 LFTの表現自由度 ····························· 196

引用・参考文献 ·· 200
演習問題の解答 ·· 202
あとがき ·· 212
索引 ·· 214

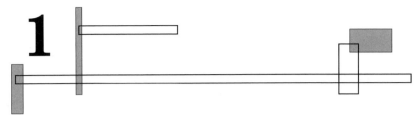

ロバスト制御のシナリオ

本章では，ロバスト制御の概要と，それがなぜ必要になるのかについて，簡単な例を通して説明する。そして，ロバスト制御としてよく知られる H_∞ 制御と μ 設計法について，それらの特徴をまとめる。

1.1 ロバスト制御とは

例えば，エレベータの制御系を考えよう。エレベータは，誰も乗っていない場合もあれば，満員の場合もある。しかし，積載重量によらず，各階にスムーズに停止しなければならないし，積載重量によって，エレベータの挙動が大きく変わるようなことがあってはならない。飛行機の自動操縦系も事情は同じで，乗客の人数や荷物の積載量によって飛行性能が大きく変わるようでは安心して乗れない。

したがって，制御系は，制御対象の不確かさや変動の影響を受けにくいように設計しなければならない。言い方を変えれば，制御対象の不確かさや変動に強い，つまり，頑健（ロバスト）な制御系が求められており，これを実現する制御を**ロバスト制御**（robust control）という。

制御対象の不確かさや変動にはさまざまなものがある。以下に，いくつか例をあげる。

- **経時変化，経年変化**　長い年月を経て制御対象の物理的特性が変化する。例えば，機構系の粘性摩擦係数の変化など。また，電源を入れた直後と十分ウォームアップされた状態では特性が異なることが多い。
- **使用環境の変化**　抵抗値は温度によって大きく変わる。例えば，モータの出力トルクを高めるために大電流を流すと，発熱して巻き線の抵抗値は大きくなる。また，メカニカルシステムにおいて，粘性摩擦は温度によって大きく変わる。冒頭で述べた，エレベータや飛行機などの積載重量の変動などもこれに該当する。
- **製造ばらつき**　製品を 100 台作れば，それらの特性は微妙に異なる。高性能な部品や高価な材料を使えば製造ばらつきを抑えられるかも知れないが，コストダウンのために実現できないことのほうが多い。

ロバスト制御では，このような制御対象が持つさまざまな不確かさや変動を**摂動**（perturbation）と呼ぶ。

ところで，多くの制御理論は，制御対象の数式モデルを使って制御系設計を行う。その流れを図 1.1 に示す。まず，制御対象を数式で表現する。これを**モデリング**（modeling）と呼ぶが，その際，現実のシステムを一切の誤差なく数式表現することは不可能なので，さまざまな仮定が置かれる。例えば，剛体を質点と見なす，動作角は十分小さいと見なす，線形近似を行う，など。つまり，モデリングでは**モデル化誤差**（modeling error）がつねに付きまとう。したがっ

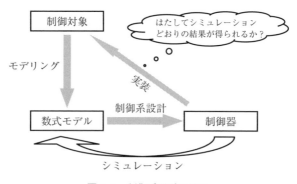

図 **1.1**　制御系設計の流れ

て，数式モデルを使ったシミュレーションによって満足のいく性能が得られたからといって，現実のシステムに対してもそうであるとは限らない。

しかし，「設計」である以上，現実の制御対象に対して想定どおりの制御性能が得られなければ，その意味をなさない[†]。したがって，モデル化誤差に対してロバストであることは，制御系設計にとってとても重要なこととなる。この，モデル化誤差も摂動の一つである。

1.2 フィードバック制御系

摂動が制御系にどのような影響を与えるかを見る前に，図 1.2 に示す最も基本的な直結フィードバック制御系について，フィードバック制御の目的と望ましいフィードバック特性，そして，それを達成するための制御器の設計法についてまとめておく。

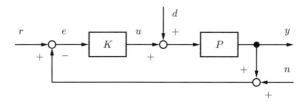

図 1.2 直結フィードバック制御系

図 1.2 において，P, K は制御対象およびフィードバック制御器の伝達関数を表し，r は目標値，u は制御入力，y は出力を表す。また，d は外乱，n は観測ノイズを表す。そして，直結フィードバック制御系は内部安定と仮定し，さらに簡単のため，制御対象は 1 入出力系と仮定する。

フィードバック制御の目的は，さまざまな目標値 r に対して，出力 y が偏差なく追従することである。その際，外乱 d や観測ノイズ n の影響を受けないようにしたい。また，P が摂動を持っても，それらの要求が満たされるようにし

[†] 例えば，家を建てる際に，設計図どおりの家ができないのが当たり前だとしたら，どうなるであろう。

たい。P の摂動に対するロバスト性については 1.3 節に譲ることとし，ここでは，目標値への追従，外乱の抑圧およびノイズの影響を抑えるために，フィードバック制御系の各伝達関数がどのような特性を持つべきかについてまとめておく。

目標値 r から出力 y までの伝達特性は

$$y = \frac{PK}{1+PK} r$$

と表せるので，出力 y があらゆる目標値 r に完全に追従するためには

$$T = \frac{PK}{1+PK} = 1 \tag{1.1}$$

が成り立つ必要がある。ここで，T は**相補感度関数** (complementary sensitivity function) と呼ばれる。

一方，目標値 r から偏差 $e = y - r$ までの伝達特性は

$$e = \frac{1}{1+PK} r \tag{1.2}$$

となり，$S = 1/(1+PK)$ は**感度関数**（sensitivity function）と呼ばれる。S と T の間には，P, K によらず，つぎの恒等式

$$S + T = \frac{1}{1+PK} + \frac{PK}{1+PK} = \frac{1+PK}{1+PK} = 1$$

が成り立つ。したがって，$T = 1$ ならば $S = 0$ となることから，式 (1.2) よりあらゆる目標値 r に対して偏差 e はつねに 0 になることがわかる。

なお，感度関数の由来は，S が P の変化に対する目標値追従特性（$= T$）の変化の感度を表していることによる。つまり

$$S = \lim_{\Delta P \to 0} \frac{\Delta T/T}{\Delta P/P} = \frac{dT}{dP} \frac{P}{T}$$
$$= \frac{K(1+PK) - PK^2}{(1+PK)^2} \frac{P}{PK/(1+PK)} = \frac{1}{1+PK}$$

となるところから来ている。

さて，現実にはどのような目標値 r に対しても偏差がつねに 0 になるような

制御系を構成することは難しい。例えば，制御対象がメカニカルシステムの場合，それを駆動するアクチュエータが応答できる周波数には上限があり，どこまでも高い周波数に追従することは物理的に無理である。例えば，スピーカやヘッドフォンが再生できる周波数の上限が 50 kHz や 100 kHz となっていることと同じであり，これ以上高い周波数の信号を入れても，振動子は十分な振幅で振動できない。したがって，通常は，ある限られた周波数の範囲内で式 (1.1) が成り立つように制御器を設計する。つまり

$$T(j\omega) \cong 1, \quad \omega \in [0, \omega_b] \tag{1.3}$$

となる。ここで，ω_b は**バンド幅** (bandwidth) あるいは**制御帯域** (control bandwidth) と呼ばれる。ω_b が高いほど，より高い周波数成分を持つ目標値に追従できるため，制御性能が高くなる。同時に $S + T = 1$ の関係から

$$|S(j\omega)| \ll 1, \quad \omega \in [0, \omega_b] \tag{1.4}$$

が成り立つことにも注意する。

外乱 d について考えると，その影響が出力 y にできるだけ現れないようにするためには，外乱 d から出力 y までの伝達特性

$$y = \frac{P}{1 + PK} d = P \frac{1}{1 + PK} d = PSd$$

において PS のゲインをできるだけ小さくする必要がある。制御対象 P の特性は変えられないので，やはり，感度関数 S のゲインを小さくする必要がある。通常，外乱の周波数成分は低周波域に集中するので，式 (1.4) が成り立てば，外乱抑圧も期待できる。

一方，観測ノイズ n から出力 y までの伝達特性は

$$y = \frac{-PK}{1 + PK} n = -Tn$$

となることから，制御帯域とノイズの周波数成分が重なると，式 (1.3) から，ノイズの影響が出力にそのまま現れることになる。したがって，ノイズの観点からは制御帯域 ω_b はむやみに高くできない。例えば，ノイズの周波数成分の下限

が ω_{b2} であるならば

$$|T(j\omega)| \ll 1, \quad \omega \in [\omega_{b2}, \infty) \tag{1.5}$$

となるようにフィードバック制御器を設計する必要がある。

以上から，望ましいフィードバック特性をまとめると**表 1.1** のようになる。そして，これらの条件は，つぎの二つの条件に整理できる。

$$|S(j\omega)| \ll 1, \quad \omega < \omega_b \tag{1.6}$$

$$|T(j\omega)| \ll 1, \quad \omega_b < \omega \tag{1.7}$$

表 1.1 望ましいフィードバック特性のまとめ

	感度関数	相補感度関数	達成すべき周波数帯域
目標値追従特性	$\|S(j\omega)\| \ll 1$	$T(j\omega) \cong 1$	$\omega < \omega_b$
外乱抑圧特性	$\|S(j\omega)\| \ll 1$	$T(j\omega) \cong 1$	$\omega < \omega_b$
耐ノイズ特性	$S(j\omega) \cong 1$	$\|T(j\omega)\| \ll 1$	$\omega_b < \omega_{b2} < \omega$

古典制御では，式 (1.6) および式 (1.7) を満たす制御器を，一巡伝達関数 $L = PK$ の周波数特性を整形することで求めることがよく行われる。これは，**ループ整形法**（loop shaping method）と呼ばれる。

まず，式 (1.6) および式 (1.7) を満たす開ループ伝達関数 $L = PK$ がどのようなものになるか考える。式 (1.6) の条件は

$$|S(j\omega)| = \frac{1}{|1+L(j\omega)|} \ll 1 \Leftrightarrow 1 \ll |1+L(j\omega)|$$
$$\approx 1 \ll |L(j\omega)|$$

となるので，感度関数のゲインを小さくするには，ゲインを小さくしたい周波数帯域で一巡伝達関数 L のゲインを十分大きくすればよいことがわかる。

同様に，式 (1.7) の条件について考えると

$$|T(j\omega)| = \frac{|L(j\omega)|}{|1+L(j\omega)|} \ll 1 \Leftrightarrow |L(j\omega)| \ll |1+L(j\omega)|$$
$$\approx |L(j\omega)| \ll 1$$

を得るので，相補感度関数のゲインを小さくするには，ゲインを小さくしたい周波数帯域で一巡伝達関数 L のゲインを十分小さくすればよいことがわかる。また，つぎの近似が成り立つ。

$$|S(j\omega)| \ll 1 \Rightarrow |S(j\omega)| \cong \frac{1}{|L(j\omega)|}$$
$$|T(j\omega)| \ll 1 \Rightarrow |T(j\omega)| \cong |L(j\omega)|$$

以上をまとめると，ループ整形法では $|L(j\omega_c)| = 1$ を満たす周波数 ω_c を決め，それより低い周波数帯域では L のゲインを大きくして目標値追従特性や外乱抑圧特性を高め，ω_c より高い周波数帯域では L のゲインを小さくして観測ノイズの影響を受けないように制御器 K のゲインを調整することになる。ここで，ω_c は**ゼロクロス周波数**（zero-crossing frequency）または**交差周波数**（crossover frequency）と呼ばれる。理想的な L, S および T の周波数特性の典型例を図 **1.3** に示す。

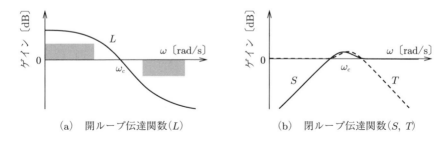

(a) 開ループ伝達関数 (L) (b) 閉ループ伝達関数 (S, T)

図 **1.3** 理想的な L, S および T の周波数特性の典型例

ループ整形法では，S および T の周波数特性を所望の特性になるように整形する際に，閉ループ系の内部安定性が保たれなければならないので，これを，古典制御の範囲で行う場合，それなりの熟練が求められる。

以上の説明では，バンド幅 ω_b の上限を決めているのは，アクチュエータの応答性やノイズの周波数成分であった。では，応答の速いアクチュエータを使用

したり,ノイズの周波数成分が十分高ければ,どのような場合でもバンド幅をいくらでも高く設定できるのであろうか。実際には,ω_b をいくらでも高くしようとして一巡伝達関数 L のゲインをあまり大きくしすぎると,予期しない挙動が現れたり,出力が発散したりすることがある。1.3 節において,このような現象が起こるケースを例題を使って見ていく。

1.3 モデル化誤差とロバスト性

簡単な制御問題として,図 1.4(a) に示すような質量 M の剛体の位置決めを考える。制御入力 u は剛体 M を右側へ押す力,出力 y は剛体の変位とし,剛体と床との間に摩擦はないものとする。すると,u から y までの伝達関数 P は二重積分システムとして式 (1.8) となる。

$$P = \frac{1}{Ms^2} \tag{1.8}$$

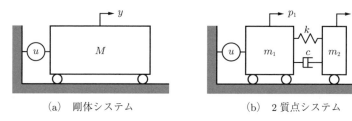

(a) 剛体システム　　　　(b) 2 質点システム

図 1.4　制　御　対　象

制御対象が二重積分システムなので位相が $-180°$ となることから,安定化のためには位相を進める必要がある。そこで,PD 制御器を用いることとし,その伝達関数を次式で与える。

$$K = k_p + sk_d$$

PD ゲインの設計法はいろいろと知られるが,ここでは,閉ループ極が $\alpha < 0$ の重根になるように PD ゲインを決めることとする。特性方程式 $1 + PK = 0$ は

$$s^2 + \frac{k_d}{M}s + \frac{k_p}{M} = 0$$

となるが，これが α に重根を持つ方程式

$$(s-\alpha)^2 = s^2 - 2\alpha s + \alpha^2 = 0$$

に一致すればよいので，係数比較より式 (1.9) を得る．

$$k_p = \alpha^2 M, \quad k_d = -2\alpha M \tag{1.9}$$

$\alpha = -0.5$ と $\alpha = -2.5$ の 2 通りについて，ステップ目標値応答を求めた結果を図 **1.5**(a) に示す．ただし，$M = 1$ とした．閉ループ極を -0.5 から -2.5 へ絶対値を大きくすることで速応性が増し，より速く目標値へ到達することが確認できる．図 (b) に相補感度関数のゲイン線図を示すが，極の絶対値を大きくすると，制御帯域が高くなることも確認できる．

このように，PD ゲインを決めるためのモデルとシミュレーションのモデルが一致していると，設計どおりに制御性能を向上させることができる．しかし，実際の制御対象は完全な剛体ではないことのほうが多い．例えば，自動車のフレームは車重と剛性の間にトレードオフがあるため，剛性を好きなだけ高めるわけにはいかない†．また，可動部をボールねじで駆動する工作機械では，ボールねじのねじれ剛性が無視できない場合がある．

そこで，実際の制御対象は図 **1.4**(b) に示すように完全な剛体ではなく変形するものと仮定し，剛体部分を二つの質点 m_1, m_2 に分け，それらがバネとダンパで結合されているものとしよう．ただし，$M = m_1 + m_2$ が成り立つものとする．また，出力 y は m_2 の変位 p_2 とした．このとき，u から y までの伝達関数を求めると式 (1.10)，(1.11) となる．

$$\widetilde{P} = \frac{cs+k}{s^2\left[m_1 m_2 s^2 + (m_1+m_2)cs + (m_1+m_2)k\right]} \tag{1.10}$$

$$= \frac{1}{Ms^2} - \frac{\widetilde{M}/M}{\widetilde{M}s^2+cs+k} \tag{1.11}$$

---

† 車重が重くなりすぎて燃費が悪化する，といった弊害が生じる．

10　　　1.　ロバスト制御のシナリオ

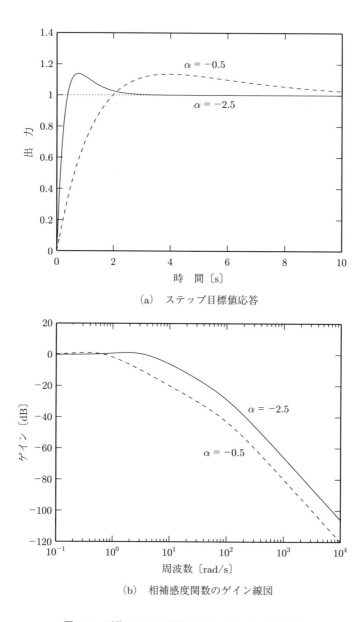

(a)　ステップ目標値応答

(b)　相補感度関数のゲイン線図

図 1.5　剛体モデルに対するシミュレーション結果

ただし，$\widetilde{M} = \dfrac{m_1 m_2}{m_1 + m_2}$ である。

各物理定数について，それらの真値はわからないものとし，公称値（ノミナル値）と摂動幅を**表 1.2**のように定義した。P および $\widetilde{P}$ のゲイン線図を**図 1.6**にそれぞれ実線および破線で示す。この図からわかるように $\widetilde{P}$ は 40〜60 rad/s に共振モードを持つことがわかる。これは，制御対象の設計時には剛体を想定していたが，実際に製作してみたところ剛性が不十分で，入出力特性を実測したら共振モードが現れた，という状況に対応する。

表 1.2　各パラメータの値

物理定数	m_1	k	c
公称値	0.8	300	1
摂動幅	±10%	±10%	±10%

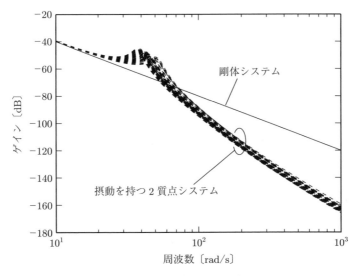

図 1.6　制御対象のゲイン線図

次に，先ほど極指定法で設計した 2 種類の制御器（$\alpha = -0.5, -2.5$）を $\widetilde{P}$ に適用し，ステップ目標値応答を求める。結果を**図 1.7**に示すが，$\alpha = -0.5$ に対する制御器では，剛体モデルに対するステップ目標値応答とほぼ同様の応答が得られている。しかしながら，$\alpha = -2.5$ に対する制御器では，応答が振動的

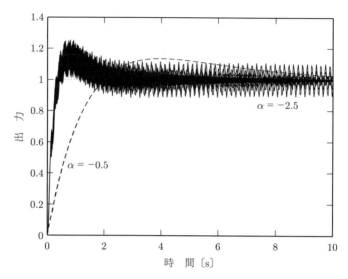

図 1.7 ステップ目標値応答

になっていることがわかる。この現象は**スピルオーバー**（spillover）と呼ばれ，制御対象の共振モードを，制御器によって励起することで生じている。

図 **1.8** に一巡伝達関数 $L = \widetilde{P}K$ のナイキスト線図を示すが，$\alpha = -0.5$ の場合に比べて $\alpha = -2.5$ の場合は，L の軌跡が点 $(-1, 0)$ の近くを通り，安定余裕がほとんどないことがわかる。さらに α の絶対値を大きくすると，制御系は不安定となる。

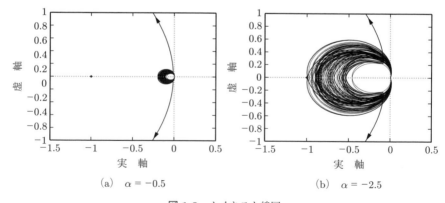

(a) $\alpha = -0.5$ (b) $\alpha = -2.5$

図 1.8 ナイキスト線図

1.3 モデル化誤差とロバスト性

P と $\widetilde{P}$ の関係は

$$\Delta_a = -\frac{\widetilde{M}/M}{\widetilde{M}s^2 + cs + k}$$

を定義すると

$$\widetilde{P} = P + \Delta_a$$

と書ける。ただし

- P ：PD 制御器を設計するためのモデル
- $\widetilde{P}$ ：実際の制御対象の特性
- Δ_a：モデル化誤差

である。

$\widetilde{P}$ がわかるのであれば，$\widetilde{P}$ を制御対象のモデルとして制御器を設計すれば済む。しかし，通常 $\widetilde{P}$ を正確にモデル化するのは難しい。あるいは，大量生産品であれば，すべての製品の $\widetilde{P}$ は同じとは限らず，ばらつくのが普通である。したがって，P はわかるけれども，$\widetilde{P}$ の正確なモデルはわからないという状況を想定するのが妥当である。

このような状況で，P に基づいて設計した制御器を実際の制御対象 $\widetilde{P}$ へ適用しても，ほぼ設計どおりの性能が得られる（P に対する性能と $\widetilde{P}$ に対する性能がほぼ同じという意味）ような制御器を系統的に設計する方法がロバスト制御である。制御系が Δ_a の影響を受けないので，Δ_a に対して頑健（ロバスト）な制御系になる。

ロバスト制御の概念は古典制御のときからあった。例えば，ゲイン余裕や位相余裕がそうであり，一巡伝達関数のゲイン変動や位相変動に対する安定余裕を表している。しかしながら，ゲイン余裕や位相余裕が十分あるのにもかかわらず，図 **1.9** に示すように一巡伝達関数 $L(j\omega)$ の軌跡が点 $(-1, 0)$ の近くを通るため，少しの変動で制御系が不安定になってしまうケースも存在する。したがって，ゲイン余裕や位相余裕だけでロバスト性を判断することは難しい。制御系設計の熟練者であれば，これまでの経験や勘に基づき，さまざまなフィル

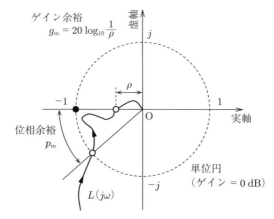

図 1.9　ゲイン余裕と位相余裕

タ（ノッチフィルタなど）を駆使して結果的にロバスト性を有する制御器を設計できるかも知れない．しかし，熟練者の経験や勘に頼った設計は，設計プロセスを明確化あるいは定量化することが難しい．

1.4　摂動の種類とロバスト制御の代表的な方法

1.4.1　構造的摂動と非構造的摂動

通常，摂動は一つであることは少なく，複数存在する．例えば，バネ-マス-ダンパシステムであれば，バネ定数だけでなく，ダンピング係数や質点の質量にも摂動を持つ可能性が高い．そこで，そのような場合の例として，図 1.10 に示すように，制御対象の入力端と出力端にそれぞれ Δ_1 と Δ_2 の摂動を持つシステムを考えよう．

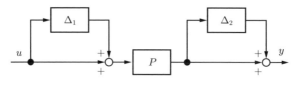

図 1.10　複数の摂動を持つシステム

図 1.10 は，等価変換により図 1.11 のように一つの摂動 Δ_a を持つシステムとして表すことができる。ただし

$$\Delta_a = P\Delta_1 + \Delta_2 P + \Delta_2 P\Delta_1 \tag{1.12}$$

である。このように，複数の摂動を持つシステムを一つの摂動を持つシステムへ等価変換することで取扱いは簡単になる。しかし，式 (1.12) の右辺の式構造を無視することによる弊害も生じる。例えば，Δ_1 や Δ_2 の大きさが非常に小さくても，P のゲインが大きいと，Δ_a は見掛け上大きな摂動になってしまう，といった問題もその一つといえる。

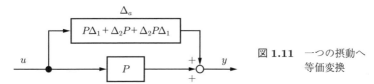

図 1.11　一つの摂動へ等価変換

そこで，図 1.12 に示すように，Δ_1 と Δ_2 を対角に並べて直接取り出すことを考える。この摂動

$$\Delta = \begin{bmatrix} \Delta_1 & 0 \\ 0 & \Delta_2 \end{bmatrix}$$

は，対角成分のみが摂動要素で，非対角成分は 0 という構造を持つことから，**構造的摂動**（structured uncertainty）と呼ばれる。これに対し，式 (1.12) は同式右辺の構造を失っていることから**非構造的摂動**（unstructured uncertainty）と呼ばれる。

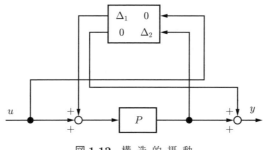

図 1.12　構造的摂動

1.4.2 H_∞ 制御と μ 設計法

ロバスト制御の代表的な方法として H_∞ 制御 (H_∞ control) がある。H_∞ 制御は，設計者が決めた外部入力から制御量までの伝達関数の H_∞ ノルムが小さくなるようにフィードバック制御器を求める方法である。H_∞ ノルムは1入出力伝達関数であれば，ゲインの最大値に相当し，それが小さくなるように制御器を求める H_∞ 制御は，本質的に外乱抑圧制御である。しかし，スモールゲイン定理と組み合わせることで，**ロバスト安定化問題**（robust stability problem），つまり，摂動があっても制御系の内部安定性がつねに保証されるように制御器を求める問題が取り扱える。一方，摂動があっても所望の制御性能を保証する**ロバスト性能問題**（robust performance problem）は H_∞ 制御では扱えない。H_∞ 制御では，制御性能についてはノミナル制御対象に対する性能，つまり**ノミナル性能**（nominal performance）となる。しかしながら，ロバスト安定性を保証していれば，摂動が存在しても不安定にはならないので，制御性能も劣化しにくくなることから，実用上はノミナル性能だけで十分な場合が多い。なお，H_∞ 制御では，非構造的摂動のみ扱える。

一方，構造的摂動を扱えるのが **μ 設計法**（μ–synthesis）である。また，ロバスト性能問題も扱える。このように，H_∞ 制御に比べてポテンシャルの高い設計法であるが，設計手順が複雑であり，設計の過程で決めなければならないパラメータの数も多く，満足のいく結果を得るためには熟練を要する，といったデメリットがある。また，制御器の次数も H_∞ 制御に比べて非常に高くなる。

表 1.3 各設計法の特徴

項　目	H_∞ 制御	μ 設計法
非構造的摂動	○	○
構造的摂動	×	○
ロバスト安定性	○	○
ノミナル性能	○	○
ロバスト性能	×	○
制御器の次数	○	△
設計の容易さ	○	△

そのため，H_∞ 制御のほうが，設計の難易度と得られる性能のバランスがよいといえる．

最後に，H_∞ 制御と μ 設計法の特徴を**表 1.3** にまとめた．

1.5 ロバスト制御系設計のためのソフトウェア

ロバスト制御理論は，数学的にも高度で，その理解は決してやさしくないため，ロバスト制御系設計のためのソフトウェアをゼロから自分で作成するのは容易ではない．幸い，制御系設計支援ツールのデファクトスタンダードである MATLAB には，ロバスト制御のためのツールボックスがオプション製品として備わっている．

まず，古典制御や現代制御による制御系設計を行うためには，Control System Toolbox（以下，CST）が必須である．CST では，線形システムを対象として，制御系の解析，設計，チューニングのための各種関数が揃っており，ボード線図やナイキスト線図，そして，ステップ応答やインパルス応答の計算およびグラフ化も簡単にできる．しかしながら，ロバスト制御系設計を行うためには，CST に加えて，Robust Control Toolbox（以下，RCT）も必要となる．

RCT は，CST とともに使用することを前提としており，以下の特徴がある．

- 変動パラメータや摂動を持つシステムのモデリング
- 安定余裕や外乱に対する感度特性を最悪ケースについて解析
- 変動を持つ制御対象に対する制御器を自動チューニング
- ゲインスケジュールド制御器の自動チューニング
- SIMULINK を使ったロバスト性解析および制御器のチューニング
- H_∞ 制御系設計および μ 設計の実行
- LMI（linear matrix inequality：線形行列不等式）による設計

1.3 節の例は RCT の関数を使ってシミュレーションを行った．以下，そのプログラムを説明とともに示す．まず，ノミナルモデルに対する応答計算は CST

の関数のみを使って実行 1.1 のようにした。

■ 実行 1.1

```
%% ノミナルモデルの定義 (one mass model)
s   = tf('s');      % ラプラス演算子 s の定義
M = 1;              % 質量
Pn = 1/(M*s^2);     % ノミナルモデル (1/(Ms^2)
%% PD 制御器
% 近似微分器 s/(0.01s+1) を使用
alpha = -0.5;
K1 = alpha^2*M - 2*alpha*M*s/(0.01*s+1);
alpha = -2.5;
K2 = alpha^2*M - 2*alpha*M*s/(0.01*s+1);
%% ノミナルモデルに対する応答計算
Tn1 = feedback(Pn*K1,1); % Tn1 = Pn*K/(1+Pn*K)
Tn2 = feedback(Pn*K2,1); % Tn2 = Pn*K/(1+Pn*K)
figure(1)
step(Tn1,'--',Tn2,10)
ylim([0 1.4])
legend('\alpha = -0.5','\alpha = -2.5',4)
figure(2)
bodemag(Tn1,'--',Tn2)
legend('\alpha = -0.5','\alpha = -2.5')
```

なお，微分器については，実装のことを考えて近似微分器

$$\frac{s}{\tau s + 1}$$

とし，その時定数 τ は，設定する閉ループ極 (-0.5 と -2.5) に比べて十分大きな極 (100) になるよう，$\tau = 0.01$ に選んだ。

一方，摂動モデル $\widetilde{P}$ は RCT の関数 ureal および usample を使って実行 1.2 のように定義した。

■ 実行 1.2

```
%% 摂動モデルの定義
% 以下 ureal を使って，変動パラメータを定義
m1 = ureal('m1',0.8,'percent',10);   % ±10%の摂動を仮定
m2 = M - m1;                          % m1+m2=M が成立するとする
k  = ureal('k',300,'percent',10);    % ±10%の摂動を仮定
c  = ureal('c',1,'percent',10);      % ±10%の摂動を仮定
% Two mass model の定義
P = (c*s+k)/(s^2*(m1*m2*s^2 + (m1+m2)*c*s + (m1+m2)*k));
```

1.5 ロバスト制御系設計のためのソフトウェア

```
% モデル集合の中から 50 通りのモデルを選択
P = usample(P,50);
figure(3)
bodemag(Pn,P,'--',{1e1,1e3});
legend('One mass system','Two mass system with perturbation',3)
```

ureal は実数の変動パラメータを定義するための関数であり，ureal で定義したパラメータを使って摂動を持つシステム P が定義できる。usample は ureal などを使って定義したモデル集合の中から，指定した個数のモデルをランダムに生成する。このように定義した P に対して，step や bode, nyquist などの CST の関数がそのまま使える。この例題では，実行 1.3 のようにして，摂動を持つ制御対象に対するステップ目標値応答とナイキスト線図を求めた。

■ 実行 1.3

```
%% 摂動モデルに対する応答計算
T1 = feedback(P*K1,1); % T1 = P*K1/(1+P*K1)
T2 = feedback(P*K2,1); % T2 = P*K2/(1+P*K2)
figure(4)
step(T1,'--',T2,10)
ylim([0 1.4])
legend('\alpha = -0.5','\alpha = -2.5',4)
figure(5)
nyquist(P*K1)
axis([-1.5 0.5 -1 1])
legend('\alpha = -0.5',3)
figure(6)
nyquist(P*K2)
axis([-1.5 0.5 -1 1])
legend('\alpha = -2.5',3)
```

このように，RCT は H_∞ 制御器を求めるだけでなく，摂動を有するシステムの表現と，そのようなシステムに対する制御系設計および解析のためのプラットフォームとなっている。本書では，全体を通して CST と RCT の使用を前提として話を進める。

********** 演 習 問 題 **********

【1】 図 1.2 の直結フィードバック制御系において $P = 1/s$ とし，比例制御 $K = k_p > 0$ を行うことを考える。このとき，k_p の値を変化させると，感度関数 S，相補感度関数 T，外乱抑圧特性 PS のゲイン線図がどのように変わるか確認せよ。

【2】 図 1.2 の直結フィードバック制御系において，制御対象の伝達関数を次式とする。

$$P = \frac{1}{10s+1}$$

このとき，つぎの各問いに答えよ。

(1) 制御器を比例制御器 $K = k_p > 0$ としたとき，交差周波数が $1\,\mathrm{rad/s}$ になるように k_p を定めよ。

(2) 制御器を PI 制御器 $K = k_p + k_i/s$ としたとき，交差周波数が $1\,\mathrm{rad/s}$ になるように PI ゲイン k_p, k_i を定めよ。ただし，PI ゲインは，P の極を K の零点で相殺するように定めることとする。

(3) 上記 (1) および (2) のステップ目標値応答の違いを感度関数 S のゲイン線図の違いから考察せよ。

【3】 1.3 節の例では，図 1.7 に示したように，$\alpha = -2.5$ の場合は応答が振動的となった。そこで，ノッチフィルタ

$$N_f = \frac{s^2 + 2\zeta_{nf}\omega_{nf}d_{nf}s + \omega_{nf}{}^2}{s^2 + 2\zeta_{nf}\omega_{nf}s + \omega_{nf}{}^2}$$

を PD 制御器に乗じて，ω_{nf}, ζ_{nf}, d_{nf} を調整することで，応答の改善を試みよ。

【4】 図 1.4(b) において p_1 を出力 y としたときの，u から p_1 までの伝達関数を P_1 としたとき，つぎの各問いに答えよ。

(1) P_1 を求めよ。

(2) P_1 に対して，式 (1.9) の PD 制御器を適用して，ステップ目標値応答を求めよ。ただし，$\alpha = -2.5$ とする。

(3) 上記 (2) において $\alpha = -5$ としても，閉ループ系は不安定にならないことをステップ目標値応答により確かめよ。さらに，その理由をナイキスト線図を描いて説明せよ。

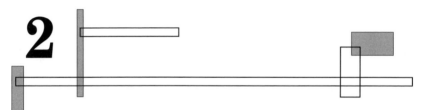

H_∞ 制御理論

本章では，H_∞ 制御理論における問題設定，定式化，および解法について説明する．その中で，標準的な H_∞ 制御問題でおかれる仮定とその意味について詳しく説明する．そして，章の最後で，MATLAB を使った H_∞ 制御器の設計について説明する．

2.1 問題設定および定式化

H_∞ 制御では，種々の制御問題を統一的な枠組みで扱えるよう図 2.1 に示すフィードバック系が用いられる．特に，図 2.1 の G は**一般化プラント**（generalized plant）と呼ばれ，式 (2.1) で示す入出力信号を持つシステムとして定義される．

$$\begin{bmatrix} z \\ y \end{bmatrix} = G \begin{bmatrix} w \\ u \end{bmatrix} = \begin{bmatrix} G_{11} & G_{12} \\ G_{21} & G_{22} \end{bmatrix} \begin{bmatrix} w \\ u \end{bmatrix} \tag{2.1}$$

ここで，w は**外部入力**（exogenous input）と呼ばれ，目標入力や外乱，セン

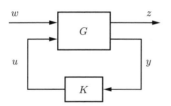

図 2.1　一般化プラント

サノイズなど，制御系に外部から加わる入力を表し，z は**制御量**（controlled output）と呼ばれ，偏差や制御入力，出力など，制御によって小さくしたい量を表す。また，u および y は，**制御入力**と**観測出力**で，それぞれ，制御器からの出力および入力となる量である。重要なのは，外部から加わる量 w と制御したい量 z を制御入力 u と観測出力 y とは別に明確に分けて表現している点にある。

さて，一般化プラント G に対して，制御器

$$u = Ky \tag{2.2}$$

を用いて閉ループ系を構成すると，w から z までの伝達関数は式 (2.2) を式 (2.1) へ代入することにより，次式となる。

$$z = G_{zw} w$$

ただし

$$G_{zw} = G_{11} + G_{12} K (I - G_{22} K)^{-1} G_{21} \tag{2.3}$$

$$= G_{11} + G_{12} (I - K G_{22})^{-1} K G_{21} \tag{2.4}$$

である。制御目的は外部入力 w に対して，制御量 z をなるべく小さく抑えることなので，伝達関数 G_{zw} の大きさを何らかの意味で小さくする制御器 K を設計する必要がある。この，G_{zw} の大きさの尺度として **H_∞ ノルム**（H_∞-norm）というものを用いたのが **H_∞ 制御**（H_∞ control）である。

安定プロパな伝達関数 G_{zw} の H_∞ ノルムは $\| G_{zw} \|_\infty$ と書き，式 (2.5) で定義される。

$$\| G_{zw}(s) \|_\infty := \sup_\omega \overline{\sigma}\{G_{zw}(j\omega)\} \tag{2.5}$$

ここで，sup は最小上界[†]，$\overline{\sigma}$ は行列の**最大特異値**（maximum singular value）を表し，複素行列 M に対してつぎのように定義される。

$$\overline{\sigma}(M) = \sqrt{\lambda_{\max}(M^* M)}$$

[†] max と置き換えて考えて差し支えない。

ここで，M^* は複素行列 M の共役転置を表し，$\lambda_{\max}$ は最大固有値を表す。

G_{zw} が1入出力系ならば，式 (2.5) は

$$\| G_{zw}(s) \|_\infty := \sup_{0 \leqq \omega \leqq \infty} |G_{zw}(j\omega)| \tag{2.6}$$

のように簡単化され，図 **2.2** に示すように H_∞ ノルムはゲインの最大値に等しくなる。このことから，つぎの関係式 (2.7) が成り立つこともわかる。

$$|G_{zw}(j\omega)| < 1, \quad \forall \omega \Leftrightarrow \| G_{zw} \|_\infty < 1 \tag{2.7}$$

式 (2.7) の条件は，ゲイン特性に対する条件を H_∞ ノルム条件に置き換える際によく用いられる。

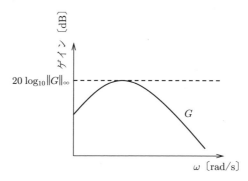

図 **2.2** G の H_∞ ノルム

また，G_{zw} の H_∞ ノルムは，その入出力信号を用いて

$$\begin{aligned}
\| G_{zw} \|_\infty &= \sup_{w \neq 0} \frac{\sqrt{\int_0^\infty z^T(t)z(t)dt}}{\sqrt{\int_0^\infty w^T(t)w(t)dt}} \\
&= \sup_{w \neq 0} \frac{\| z \|_2}{\| w \|_2}
\end{aligned} \tag{2.8}$$

と表現できることも知られている。これは，H_∞ ノルムが，あらゆる入力が加わったときの入出力エネルギー比の最大値に相当することを示している。また，式 (2.8) を最大にする外乱 w は**最悪外乱**（worst case disturbance）と呼ばれている。

ここで，H_∞ ノルムに関する基本的な公式 ①〜⑤ を示しておく。

① $\|G\|_\infty \geqq 0$

② $\|G\|_\infty = 0 \Leftrightarrow G = 0$

③ $\|\alpha G\|_\infty = |\alpha|\|G\|_\infty, \quad \alpha \in \mathcal{C}$

④ $\|G+H\|_\infty \leqq \|G\|_\infty + \|H\|_\infty$

⑤ $\|GH\|_\infty \leqq \|G\|_\infty \|H\|_\infty$

①～④ はよく知られるノルムが満たすべき4条件であり，⑤ は劣乗法性質と呼ばれる。

以上のもとで，H_∞ 制御問題はつぎのように定義される（定義 2.1）。

【定義 2.1】 H_∞ **制御問題**　図 2.1 の一般化プラント G に対し，$u = Ky$ のフィードバック制御により，閉ループ系を内部安定化し，かつ，与えられた正数 γ に対して

$$\|G_{zw}\|_\infty < \gamma \tag{2.9}$$

を満たす制御器 K を求めよ。

定義 2.1 からわかるように，H_∞ 制御理論では，具体的に γ を与えて式 (2.9) を満たす制御器が存在するか否かを判定し，存在する場合に制御器を求める，という手順をとる。したがって，式 (2.9) を満たす最小の γ は特別な場合を除いて解析的に求めることはできない。そのため，γ の最小値が必要な場合には **γ イタレーション**（γ-iteration）と呼ばれる二分探索法が用いられる。

2.2　一般化プラント

H_∞ 制御では，種々の制御問題を一般化プラントとして表現しなければならない。一例として，制御対象の入力に加わる外乱を制御対象の出力で抑圧する

2.2 一般化プラント

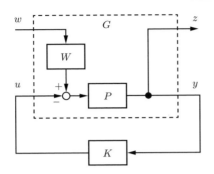

図 2.3 外乱抑圧問題の
一般化プラント

外乱抑圧問題の一般化プラントは図 2.3 のようになる。

図 2.3 において，P は制御対象，W は**重み関数**（weighting function）と呼ばれる伝達関数，破線部 G は一般化プラント，K はフィードバック制御器を表し，w から z までの閉ループ伝達関数 G_{zw} は次式となる。

$$G_{zw} = \frac{P}{1+PK}W$$

H_∞ 制御問題では，w から z までの H_∞ ノルムを γ 未満とする制御器 K が求まるので，図 2.3 の一般化プラントに対する H_∞ 制御問題を解くと，重み関数 W を通って制御対象 P の入力端に加わる外乱を，出力 $z = y$ で抑圧する制御器 K が求まることになる。重み関数 W を実際の外乱の周波数成分を反映するように選ぶことで，より現実に近い問題設定となる。例えば，低周波から高周波まで同じ大きさの外乱が加わる場合は W を定数に選び，低周波成分を持つ外乱の場合は W をローパスフィルタに選び，特定の周波数成分を持つ外乱の場合は W をバンドパスフィルタに選ぶ，といったことになる。

図 2.3 の一般化プラントの入出力関係は式 (2.10) のように表せる。

$$\begin{bmatrix} z \\ y \end{bmatrix} = \underbrace{\begin{bmatrix} PW & -P \\ PW & -P \end{bmatrix}}_{G} \begin{bmatrix} w \\ u \end{bmatrix} \tag{2.10}$$

一般化プラント G には，このようにフィードバック制御器 K は含まれないので注意する。また，P の入力端の加算点において，u の符号を負にしているのは，負帰還を想定していることによる。

H_∞ 制御器を求めるためには,後述するように一般化プラントの状態空間実現が必要となる。そこで,簡単のため P および W を 1 入出力系と仮定して,それらの状態空間実現を式 (2.11), (2.12) で定義し,G の状態空間実現を求める。

$$P = (A_p, B_p, C_p, 0) \tag{2.11}$$

$$W = (A_w, B_w, C_w, D_w) \tag{2.12}$$

まず,P の状態変数を $x_p(t)$ とし,図 **2.3** を見ながら状態方程式と出力方程式を記述すると,式 (2.13)〜(2.15) となる。

$$\dot{x}_p(t) = A_p x_p(t) + B_p(-u(t) + y_w(t)) \tag{2.13}$$

$$z(t) = C_p x_p(t) \tag{2.14}$$

$$y(t) = C_p x_p(t) \tag{2.15}$$

ただし,重み関数 W の出力を $y_w(t)$ で定義した。つぎに W の状態変数を $x_w(t)$ とし,同じように図 **2.3** を見ながら状態方程式と出力方程式を求めると式 (2.16),(2.17) となる。

$$\dot{x}_w(t) = A_w x_w(t) + B_w w(t) \tag{2.16}$$

$$y_w(t) = C_w x_w(t) + D_w w(t) \tag{2.17}$$

式 (2.13) に式 (2.17) を代入して整理すると式 (2.18) を得る。

$$\dot{x}_p(t) = A_p x_p(t) + B_p C_w x_w(t) + B_p D_w w(t) - B_p u(t) \tag{2.18}$$

よって,一般化プラント G の状態方程式は,式 (2.16) および式 (2.18) から式 (2.19) となる。

$$\begin{bmatrix} \dot{x}_p(t) \\ \dot{x}_w(t) \end{bmatrix} = \begin{bmatrix} A_p & B_p C_w \\ 0 & A_w \end{bmatrix} \begin{bmatrix} x_p(t) \\ x_w(t) \end{bmatrix} + \begin{bmatrix} B_p D_w & -B_p \\ B_w & 0 \end{bmatrix} \begin{bmatrix} w(t) \\ u(t) \end{bmatrix} \tag{2.19}$$

一方,一般化プラント G の出力方程式は式 (2.14), (2.15) をまとめると,式 (2.20) となる。

2.2 一般化プラント

$$\begin{bmatrix} z(t) \\ y(t) \end{bmatrix} = \begin{bmatrix} C_p & 0 \\ C_p & 0 \end{bmatrix} \begin{bmatrix} x_p(t) \\ x_w(t) \end{bmatrix} + \begin{bmatrix} 0 & 0 \\ 0 & 0 \end{bmatrix} \begin{bmatrix} w(t) \\ u(t) \end{bmatrix} \quad (2.20)$$

MATLABでは，一般化プラントの状態空間実現を簡単に求めるための関数が複数用意されている．ここでは，RCTのsysicを使った例を示しておく．実行2.1の例では，図2.3において

$$P = \frac{10}{s+1}, \quad W = \frac{1}{s+5}$$

とした場合の一般化プラントを求めている．

■ 実行 2.1

```
% 制御対象と重み関数の定義
s = tf('s');
P = ss(10/(s+1));        % ss で状態空間へ変換
W = ss(1/(s+5));         % ss で状態空間へ変換
% sysic による一般化プラントの定義
systemnames = 'P W';
inputvar    = '[w; u]';  % 入力信号の定義
outputvar   = '[P; P]';  % 出力信号の定義
input_to_P  = '[W - u]'; % P への入力を定義
input_to_W  = '[w]';     % W への入力を定義
G = sysic;               % G の計算
```

実行2.1のように

- systemnamesに一般化プラントに現れるすべての伝達関数を定義する．
- 外部入力 w と制御入力 u を inputvar に定義する．このとき，上から $w \Rightarrow z$ の順番に並べることに注意する．
- 制御量 z と観測出力 y を outputvar に定義する．このとき，上から $z \Rightarrow y$ の順番に並べることに注意する．
- 変数 input_to_*を使って systemnames で定義した各伝達関数への入力を定義する．

としたうえで，G=sysic を実行すると，一般化プラントの状態空間実現がGに求まる．

2.3 標準 H_∞ 制御問題

一般化プラント G の状態空間実現は

$$\dot{x}(t) = Ax(t) + B_1 w(t) + B_2 u(t) \tag{2.21}$$

$$z(t) = C_1 x(t) + D_{11} w(t) + D_{12} u(t) \tag{2.22}$$

$$y(t) = C_2 x(t) + D_{21} w(t) \tag{2.23}$$

のように一般化できる。さらに，$[w^T, u^T]^T$ を入力，$[z^T, y^T]^T$ を出力としてまとめれば

$$\dot{x}(t) = Ax(t) + \begin{bmatrix} B_1 & B_2 \end{bmatrix} \begin{bmatrix} w(t) \\ u(t) \end{bmatrix} \tag{2.24}$$

$$\begin{bmatrix} z(t) \\ y(t) \end{bmatrix} = \begin{bmatrix} C_1 \\ C_2 \end{bmatrix} x(t) + \begin{bmatrix} D_{11} & D_{12} \\ D_{21} & O \end{bmatrix} \begin{bmatrix} w(t) \\ u(t) \end{bmatrix} \tag{2.25}$$

のように記述できる。

状態変数 $x(t)$ を定義する必要がない場合は，ドイルの記号法†を使って，式 (2.26) のように簡潔に記述することもできる。

$$G = \begin{bmatrix} G_{11} & G_{12} \\ G_{21} & G_{22} \end{bmatrix} = \left[\begin{array}{c|cc} A & B_1 & B_2 \\ \hline C_1 & D_{11} & D_{12} \\ C_2 & D_{21} & O \end{array} \right] \tag{2.26}$$

このとき，以下の**仮定 2.1** のもとでの H_∞ 制御問題は，**標準 H_∞ 制御問題** (standard H_∞ control problem) と呼ばれる。

【仮定 2.1】

仮定 **A1**：(A, B_2) は可安定，かつ，(C_2, A) は可検出

仮定 **A2**：D_{12} は縦長列フルランク，かつ，D_{21} は横長行フルランク

---

† 付録 A 参照。

仮定 A3：G_{12} は虚軸上に不変零点を持たない。すなわち，すべての ω に対し

$$\begin{bmatrix} A - j\omega I & B_2 \\ C_1 & D_{12} \end{bmatrix} \tag{2.27}$$

は列フルランクとなる。

仮定 A4：G_{21} は虚軸上に不変零点を持たない。すなわち，すべての ω に対し

$$\begin{bmatrix} A - j\omega I & B_1 \\ C_2 & D_{21} \end{bmatrix} \tag{2.28}$$

は行フルランクとなる。

作成した一般化プラント G がこれらの仮定を満たさない場合，仮定を満たすように問題を若干修正する必要がある。以下では，各仮定の物理的意味とその修正方法について具体的に説明する。

【仮定 A1 の意味】 仮定 A1 を言い換えるならば，「G は入力 u から可安定，出力 y から可検出」となる。したがって，仮定 A1 は $u = Ky$ の制御によって，一般化プラント全体が内部安定化できるための必要十分条件となる。仮定 A1 が満たされるためには，実際の制御対象（通常は G_{22} に対応）が可安定，可検出となるだけでは不十分であり，重み関数もすべて安定でなければならない。なぜならば，重み関数は通常 w や z に導入されるため，これらの極は，u から不可制御，あるいは y から不可観測となるからである[†]。

例えば，図 **2.3** の一般化プラントでは，重み関数 W の極は z および y から可観測で[††]，w から可制御であるが，u から W へのパスがないので，P および W の選び方によらず u から不可制御である。したがって，u から可安定になるためには W の極はすべて安定でなければならない。

[†] 可安定になるためには不可制御モードは安定で，可検出になるためには不可観測モードは安定でなければならないことによる。
[††] W の極を P の零点で相殺しないことが前提。

通常は不安定な重み関数をわざわざ選ぶことはないが，H_∞ ロバストサーボ問題や，H_∞ 推定などで必要になることがある．この場合，拡張 H_∞ 制御というものを用いれば解くことができる[5),6)]．あるいは，重み関数に導入する不安定極は虚軸上にあることが多いので，若干安定側に極をシフトさせることで，対処療法的に解決することもある．

【仮定 A2 の意味】 D_{12} が列フルランクとなるためには，制御入力 u の数よりも制御量 z の数のほうが多いか等しく，すべての制御入力 u を z で直接評価（直達項が 0 でないという意味で）しなければならない．直達項は周波数無限大におけるゲインに相当するので，制御入力の周波数無限大における成分が大きくなり過ぎないように z で評価しなさい，という意味になる．実際の制御系では，制御入力の高周波成分が不必要に大きくなることは好ましくないため，この仮定は理にかなっている．

したがって，D_{12} のフルランク条件が満たされない場合は，新たな制御量 z_i を導入し，すべての u を直接評価するように一般化プラントを修正する．

一方，D_{21} が行フルランクとなるためには，観測出力 y の数よりも外部入力 w の数のほうが多いか等しく，すべての観測出力 y に外部入力 w が直接作用しなければならない．この仮定は，すべての観測出力にノイズなどを加える，ということを要求しているが，現実の問題を想定すれば自然な仮定である．したがって，D_{21} のフルランク条件が満たされない場合は，新たな外部入力 w_i を導入し，すべての y に w が直接作用するように問題を修正する必要がある．

図 **2.3** の一般化プラントでは，式 (2.20) からわかるように D_{12} と D_{21} の両方とも 0 になっている．そこで，図 **2.4** に示すように新たな外部入力 w_2 と制御量 z_2 を導入する．なお，ϵ_w と ϵ_z は正の実数パラメータとする．

この修正によって，一般化プラントの状態空間実現は式 (2.29)，(2.30) のように変わる．

2.3 標準H_∞制御問題   31

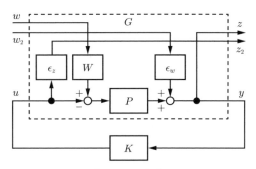

図 **2.4** 修正した一般化プラント

$$\begin{bmatrix} \dot{x}_p(t) \\ \dot{x}_w(t) \end{bmatrix} = \begin{bmatrix} A_p & B_p C_w \\ 0 & A_w \end{bmatrix} \begin{bmatrix} x_p(t) \\ x_w(t) \end{bmatrix} + \begin{bmatrix} B_p D_w & 0 & -B_p \\ B_w & 0 & 0 \end{bmatrix} \begin{bmatrix} w(t) \\ w_2(t) \\ \hdashline u(t) \end{bmatrix}$$
(2.29)

$$\begin{bmatrix} z(t) \\ z_2(t) \\ \hdashline y(t) \end{bmatrix} = \begin{bmatrix} C_p & 0 \\ 0 & 0 \\ \hdashline C_p & 0 \end{bmatrix} \begin{bmatrix} x_p(t) \\ x_w(t) \end{bmatrix} + \begin{bmatrix} 0 & 0 & 0 \\ 0 & 0 & \epsilon_z \\ 0 & \epsilon_w & 0 \end{bmatrix} \begin{bmatrix} w(t) \\ w_2(t) \\ \hdashline u(t) \end{bmatrix} \quad (2.30)$$

式 (2.29), (2.30) を見ると，$D_{12} = [0, \epsilon_z]^T$ より縦長列フルランクとなっている。また，$D_{21} = [0, \epsilon_w]$ より横長行フルランクとなっている。通常，ϵ_w および ϵ_z は，もとの一般化プラント（図 **2.3**）における問題設定が大きく変わらないよう，十分小さな値に選ぶのが基本であるが，w_2 を観測ノイズと見なして，実際のノイズの大きさを反映させることもある。ϵ_z についても，制御入力の大きさがあまり大きくならないように，ϵ_z をある程度大きな値に選ぶこともある。

さらに，ϵ_w および ϵ_z は伝達関数に選ぶこともできるが，その場合，直達項を持つようにバイプロパに選ばないと，D_{12} あるいは D_{21} はフルランクにならないので注意する。

【**仮定 A3 の意味**】 不変零点に関する議論は必ずしも簡単ではないので，本仮定に関連するいくつかの事実のみを以下に述べておく。

- 制御対象 P (G_{22} に対応) が虚軸上に極を持つ場合, z の配置によっては, 仮定 **A3** が満たされなくなる. 逆に P が虚軸上の極を持つ場合でも, z の配置を工夫することで, 仮定 **A3** は満たされる.
- (C_1, A) が虚軸上で不可観測ならば, G_{12} は虚軸上に不変零点を持つ. つまり, 仮定 **A3** は不成立となる. このことは, (C_1, A) が虚軸上で不可観測のとき

$$\begin{bmatrix} A - j\omega I \\ C_1 \end{bmatrix}$$

が列フルランクにならないことからもわかる.

【例題 2.1】 虚軸上の極を持つ制御対象 P に対し, 図 **2.5** の一般化プラント (点線は無視) を考えると, z から P の虚軸上の不安定極は不可観測となるため, 仮定 **A3** は成り立たない. しかし, z を $\tilde{z}$ に移動すると, P の虚軸上の不安定極は $\tilde{z}$ から可観測となり, 仮定 **A3** は満たされる. しかし, これによって w から z までの伝達関数も変わることに注意する.

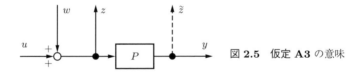

図 **2.5** 仮定 **A3** の意味

【仮定 **A4** の意味】 仮定 **A4** は仮定 **A3** と双対な条件となるため, 仮定 **A3** の場合と同様に以下のことがいえる.

- 制御対象 P (G_{22} に対応) が虚軸上に極を持つ場合, w の配置によっては, 仮定 **A4** が満たされなくなる. 逆に P が虚軸上の極を持つ場合でも, w の配置を工夫することで, 仮定 **A4** は満たされる.
- (A, B_1) が虚軸上で不可制御ならば, G_{21} は虚軸上に不変零点を持つ. つまり, 仮定 **A4** は不成立となる. このことは, (A, B_1) が虚軸上で不可制御のとき

$$\begin{bmatrix} A - j\omega I & B_1 \end{bmatrix}$$

が行フルランクにならないことからもわかる。

仮定 **A2**〜**A4** は，技術的に導入されたものであり，LMI（linear matrix inequality）に基づく解法では不要となる。また，最近の RCT では，これらの仮定が満たされなくても H_∞ 制御器を求めることができる。しかしながら，各仮定の物理的意味からもわかるように，一般化プラントを適切に構成すれば，はじめから満たされるものも多い。これらの仮定が満たされない一般化プラントを用いて制御器を求めると，制御対象の応答の悪い極がそのまま閉ループ極として残ったり，制御器が高周波域でハイゲインになる，といった問題が生じる場合があるので，注意を要する。

2.4　H_∞ 制御問題の解法

H_∞ 制御器の解法には，リッカチ方程式に基づく方法，リッカチ不等式に基づく方法，LMI に基づく方法など，多くの方法が知られているが，ここでは，リッカチ方程式による K.Glover, J.C.Doyle らの解法について述べる[1]。

まず，以下を仮定する。

仮定 A2′：D_{12} および D_{21} を

$$D_{12} = \begin{bmatrix} 0 \\ I \end{bmatrix}, \quad D_{21} = \begin{bmatrix} 0 & I \end{bmatrix} \tag{2.31}$$

とする。また，それに合わせて D_{11} をつぎのように分割する。

$$D_{11} := \begin{matrix} \\ (p_1 - m_2) \\ m_2 \end{matrix} \begin{pmatrix} \overset{(m_1 - p_2)}{D_{1111}} & \overset{p_2}{D_{1112}} \\ D_{1121} & D_{1122} \end{pmatrix}$$

なお，仮定 **A2** のもとで，w, z に対しユニタリ変換と呼ばれるノルム不変の変

換を施し,さらに,u, y をスケーリングすると式 (2.31) に変形できることが知られているので,この仮定により一般性を失うことはない[7]。

また,つぎの行列を定義する。

$$R := D_{1\bullet}^* D_{1\bullet} - \begin{bmatrix} \gamma^2 I_{m_1} & 0 \\ 0 & 0 \end{bmatrix}, \quad \text{ただし,} \; D_{1\bullet} := \begin{bmatrix} D_{11} & D_{12} \end{bmatrix}$$

$$\widetilde{R} := D_{\bullet 1} D_{\bullet 1}^* - \begin{bmatrix} \gamma^2 I_{p_1} & 0 \\ 0 & 0 \end{bmatrix}, \quad \text{ただし,} \; D_{\bullet 1} := \begin{bmatrix} D_{11} \\ D_{21} \end{bmatrix}$$

さらに

$$B := \begin{bmatrix} B_1 & B_2 \end{bmatrix}, \quad C := \begin{bmatrix} C_1 \\ C_2 \end{bmatrix}, \quad D := \begin{bmatrix} D_{11} & D_{12} \\ D_{21} & 0 \end{bmatrix}$$

に対し,以下の行列 H_∞, J_∞ を定義する。

$$H_\infty := \begin{bmatrix} A & 0 \\ -C_1^* C_1 & -A^* \end{bmatrix} - \begin{bmatrix} B \\ -C_1^* D_{1\bullet} \end{bmatrix} R^{-1} \begin{bmatrix} D_{1\bullet}^* C_1 & B^* \end{bmatrix}$$
(2.32)

$$J_\infty := \begin{bmatrix} A^* & 0 \\ -B_1 B_1^* & -A \end{bmatrix} - \begin{bmatrix} C^* \\ -B_1 D_{\bullet 1}^* \end{bmatrix} \widetilde{R}^{-1} \begin{bmatrix} D_{\bullet 1} B_1^* & C \end{bmatrix}$$
(2.33)

ここで,H_∞, J_∞ をハミルトニアン行列 (Hamilton matrix) とする**代数型リッカチ方程式** (algebraic Riccati equation) が**安定化解** (stabilizing solution) を持つと仮定し,それらをそれぞれ X_∞, Y_∞ と定義する。そして,X_∞, Y_∞ から

$$F := \begin{matrix} (m_1 - p_2) \updownarrow \\ p_2 \updownarrow \\ m_2 \updownarrow \end{matrix} \begin{bmatrix} F_{11} \\ F_{12} \\ F_2 \end{bmatrix} := -R^{-1} \begin{bmatrix} D_{1\bullet}^* C_1 + B^* X_\infty \end{bmatrix}$$

$$H := [\underbrace{H_{11}}_{(p_1-m_2)}, \underbrace{H_{12}}_{m_2}, \underbrace{H_2}_{p_2}]$$
$$:= -[B_1 D_{\bullet 1}^* + Y_\infty C^*]\widetilde{R}^{-1}$$

を定義する.

なお,代数型リッカチ方程式とは,変数行列 $X \in \mathcal{R}^{n \times n}$ と定数行列 $A \in \mathcal{R}^{n \times n}$, $Q \in \mathcal{R}^{n \times n}$, $R \in \mathcal{R}^{n \times n}$ に対する行列方程式

$$A^T X + XA + XRX + Q = 0 \tag{2.34}$$

のことをいう.ただし,Q, R は対称行列とする.また,式 (2.34) を構成する定数行列からなる

$$H = \begin{bmatrix} A & R \\ -Q & -A^T \end{bmatrix} \tag{2.35}$$

をハミルトニアン行列という.そして,式 (2.34) を満たし,$A + RX$ を安定行列とする対称行列 X が存在するとき,X を式 (2.34) の安定化解という.

以上の準備のもと,**定理 2.1** が知られている.

【定理 2.1】 仮定 **A1**, **A2′**, **A3**, **A4** のもとで,標準 H_∞ 制御問題が可解,すなわち,$\| G_{zw} \|_\infty < \gamma$ を満たす内部安定化制御器 K が存在するための必要十分条件は,つぎの二つの条件 ①, ② が成り立つことである.

① 与えられた γ に対し,式 (2.36) を満たす.

$$\gamma > \max\left(\overline{\sigma}\left[D_{1111}, D_{1112}\right], \overline{\sigma}\left[D_{1111}^*, D_{1121}^*\right]\right) \tag{2.36}$$

② H_∞ および J_∞ をハミルトニアン行列とする代数型リッカチ方程式が安定可解 $X_\infty \geq 0$ および $Y_\infty \geq 0$ を持ち,$\rho(X_\infty Y_\infty) < \gamma^2$ を満たす.ただし,$\rho(\cdot)$ はスペクトル半径と呼ばれ,行列の固有値の絶対値の最大値を表す.

定理 2.1 の可解条件が成り立つとき,すべての H_∞ 制御器は $\| N \|_\infty < \gamma$ を満たす自由パラメータ $N \in \mathcal{RH}^\infty$ を用いて

$$K := M_{11} + M_{12}(I - NM_{22})^{-1}NM_{21}$$

と書ける。ただし

$$M := \begin{bmatrix} M_{11} & M_{12} \\ M_{21} & M_{22} \end{bmatrix} = \left[\begin{array}{c|cc} \widehat{A} & \widehat{B}_1 & \widehat{B}_2 \\ \hline \widehat{C}_1 & \widehat{D}_{11} & \widehat{D}_{12} \\ \widehat{C}_2 & \widehat{D}_{21} & 0 \end{array} \right]$$

$$\widehat{D}_{11} := -D_{1121}D_{1111}^*(\gamma^2 I - D_{1111}D_{1111}^*)^{-1}D_{1112} - D_{1112}$$

なお，$\widehat{D}_{12} \in \mathcal{R}^{m_2 \times m_2}$ および $\widehat{D}_{21} \in \mathcal{R}^{p_2 \times p_2}$ は以下を満たす任意の行列である。

$$\widehat{D}_{12}\widehat{D}_{12}^* := I - D_{1121}(\gamma^2 I - D_{1111}^*D_{1111})^{-1}D_{1121}^*$$

$$\widehat{D}_{21}^*\widehat{D}_{21} := I - D_{1112}^*(\gamma^2 I - D_{1111}D_{1111}^*)^{-1}D_{1112}$$

また

$$\begin{aligned}
\widehat{B}_2 &= (B_2 + H_{12})\widehat{D}_{12}, & \widehat{C}_2 &= -\widehat{D}_{21}(C_2 + F_{12})Z \\
\widehat{B}_1 &= -H_2 + \widehat{B}_2\widehat{D}_{12}^{-1}\widehat{D}_{11}, & \widehat{C}_1 &= F_2 Z + \widehat{D}_{11}\widehat{D}_{21}^{-1}\widehat{C}_2 \\
\widehat{A} &= A + HC + \widehat{B}_2\widehat{D}_{12}^{-1}\widehat{C}_1, & Z &= (I - \gamma^{-2}Y_\infty X_\infty)^{-1}
\end{aligned}$$

である。

なお，$N = 0$ とおいた場合，制御器の公式は

$$K = M_{11} = \widehat{C}_1(sI - \widehat{A})^{-1}\widehat{B}_1 + \widehat{D}_{11} \tag{2.37}$$

と簡単化されるが，これは**中心解**（central solution）と呼ばれ，通常よく用いられる。

式 (2.37) からわかるように，中心解の次数は一般化プラントの次数に等しい。一般化プラントは，制御対象だけでなく重み関数も含むので，それらの次数の総和が制御器の次数となる。

2.5 MATLABによる H_∞ 制御器設計

H_∞ 制御器の解法をゼロからプログラミングするのは容易ではない.しかし,幸いなことに,MATLABのRCTには H_∞ 制御器を求めるための関数が備わっており,それらを活用することで比較的簡単に制御器の設計が行える.

MATLABにおけるロバスト制御系設計のためのツールボックスについて振り返ってみると,1988年にR.Y. ChiangとM.G. Safonovによって開発されたRCTが一番古い.H_∞ 制御器を求める関数がメインであり,例えば,一般化プラントの状態空間実現を自動的に求める関数は用意されていなかった.その後,G.J. Balasらによって μ-Analysis and Synthesis Toolboxが開発され,H_∞ 制御器だけでなく,μ 制御器も設計できるようになった.また,一般化プラントの状態空間実現を自動的に求めるための sysic といった関数やモデル低次元化など,ロバスト制御系設計で必要となるさまざまな関数が用意され,ロバスト制御系設計のプラットフォームとなった.その後,LMI[8]に基づく制御系設計が注目を浴びるようになり,P. GahinetらによってLMI Control Toolboxが開発された.LMIを使うことで,標準 H_∞ 制御問題の仮定を満たさないケースでも,制御器が求められるようになった.また,制御対象の時変パラメータで制御器をスケジューリングするゲインスケジュールド H_∞ 制御や,H_∞/H_2 混合最適化問題などの多目的制御問題も扱えるようになった.

しかし,このようにロバスト制御に関するツールボックスが複数登場し,ツールボックス間で内容が重複する部分も出てきたことから,MATLAB Ver.7以降,これらのツールボックスはRCT一つにまとめられた.その際,CSTとのコンパチビリティが確保され,相互にデータのやり取りが可能となった.同時に,従来のツールボックスの関数も実行できるよう,互換性についても配慮されている.このような経緯もあって,RCTのマニュアルはページ数が非常に多く[†],統一感に欠ける部分もある.

[†] リファレンスマニュアルだけで800ページ近くある.

現在のRCTでは，従来の H_∞ 制御器設計，μ 設計，ゲインスケジュールド H_∞ 制御器設計だけでなく，分散した複数の制御器を数値的に最適化して所望の性能を得る，といった設計も可能となっている。表 **2.1** に H_∞ 制御器設計で用いるおもな関数をまとめた。これらの関数を使って具体的に H_∞ 制御器を求める方法については，第3章以降で詳しく説明する。

表 **2.1** H_∞ 制御系設計に関するMATLAB関数

関 数	説 明
hinfsyn	H_∞ 制御器設計
hinfstruct	対角構造を持つ H_∞ 制御器のチューニング
h2hinfsyn	極指定を伴った H_2/H_∞ 混合問題
hinfnorm	H_∞ ノルムの計算
loopsyn	H_∞ ループ整形
mixsyn	混合感度問題
sysic	一般化プラントの構成

********** 演 習 問 題 **********

【1】 つぎの伝達関数の H_∞ ノルムを定義から求めよ。

$$G_1 = \frac{1}{3s+5}, \quad G_2 = \frac{1}{s^2+s+1}$$

【2】 図 **2.1** の一般化プラントについて，つぎの各問いに答えよ。

(1) w から z までの閉ループ伝達関数 G_{zw} が

$$G_{zw} = \frac{PK}{1+PK}W$$

となるように一般化プラント G を構成し，G の伝達行列表現を求めよ。ただし，P は1入出力の制御対象，K はフィードバック制御器，W は重み関数とする。なお，w は P の出力端に加えるものとし，P は虚軸上に極および零点を持たず，W は安定で虚軸上に零点を持たないものとする。

(2) 上記 (1) で求めた一般化プラントは，標準 H_∞ 制御問題の**仮定 A1～A4** を満たすかどうか考察し，満たさない場合は，満たすように修正せよ。

【3】 図 **2.3** の一般化プラントにおいて，$P = 10/(s+1)$，$W = 1/(s+5)$ としたとき，つぎの各問いに答えよ。

(1) 一般化プラント G の状態空間実現を求めよ．

(2) 上記 (1) の結果を使って，W の極 -5 が G_{21} の不変零点になることを，実際に計算して確かめよ．

(3) 制御器を定数ゲイン $K = \alpha > 0$ と仮定し，$\| G_{zw} \|_\infty < 1$ を満たす α の範囲を求めよ．

【4】一般化プラント G の伝達行列表現を次式で与えるとき，つぎの各問いに答えよ．ただし，P および M は安定かつプロパな 1 入出力の伝達関数とする．

$$\begin{bmatrix} z \\ y \end{bmatrix} = \underbrace{\begin{bmatrix} M - P & P \\ P & -P \end{bmatrix}}_{G} \begin{bmatrix} w \\ u \end{bmatrix}$$

(1) 一般化プラント G のブロック線図を描け．

(2) 制御器 K によって，フィードバック制御 $u = Ky$ を施した．このとき，w から z までの閉ループ伝達関数 G_{zw} を求めよ．

(3) G_{zw} の H_∞ ノルムが 0 になる制御器 K が得られたとしよう．このとき，P, M, K の間に成り立つ関係式を書け．

【5】式 (2.35) のハミルトニアン行列 H は，λ を固有値に持つとき，$-\lambda$ も固有値に持つ．このことを示せ．

3 不確かさの表現とロバスト安定化

本章では，不確かさの表現方法としてよく知られる乗法的摂動と，加法的摂動について説明する．その後，スモールゲイン定理を紹介し，制御系がロバスト安定になるための条件について述べる．

3.1 乗法的摂動と加法的摂動

H_∞ 制御では，非構造的摂動に対するロバスト安定化問題を解くことができるが，その際，非構造的摂動の表現方法として乗法的摂動および加法的摂動がよく使われる．以下では，これらの摂動について説明する．なお，特に断りがない限り，制御対象は 1 入出力システムと仮定する．

3.1.1 乗法的摂動

実制御対象およびノミナルモデルの伝達関数を，それぞれ $\widetilde{P}$ および P で定義する．このとき

$$\widetilde{P} = (1 + \Delta_m)P \tag{3.1}$$

で表現される Δ_m のことを**乗法的摂動**（multiplicative perturbation）と呼ぶ．図 **3.1** に乗法的摂動を持つシステムのブロック線図を示す．

周波数 $\omega_i\ (i=0,1,2,\cdots)$ における実制御対象 $\widetilde{P}$ のゲインと位相の実測値が

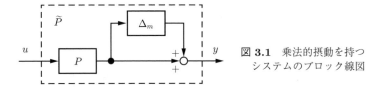

図 3.1 乗法的摂動を持つ
システムのブロック線図

それぞれ $20\log_{10}\{g(\omega_i)\}$〔dB〕と $\theta(\omega_i)$〔rad〕で与えられているならば，式 (3.2) から乗法的摂動を見積もることができる．

$$\Delta_m(j\omega_i) = \frac{\widetilde{P}(j\omega_i) - P(j\omega_i)}{P(j\omega_i)}, \quad \widetilde{P}(j\omega_i) = g(\omega_i)e^{j\theta(\omega_i)} \tag{3.2}$$

ただし，$P(j\omega_i)$ はノミナルモデル P の周波数応答を表す．式 (3.2) が示すように，乗法的摂動は相対誤差に相当する．

なお，P が多入出力システムであるならば，乗法的摂動の表現として

$$\widetilde{P} = (I + \Delta_m)P$$

および

$$\widetilde{P} = P(I + \Delta_m)$$

の2通りがあり，両者の特性は異なることに注意する．ただし，I は Δ_m のサイズと等しい単位行列を表すものとする．

さて，乗法的摂動を持つシステムは集合として表現するのが適切である．そこで，$\|\Delta\|_\infty \leq 1$ を満たす集合 $\Delta \in \mathcal{RH}^\infty$[†] と摂動の周波数特性を表す既知の伝達関数 $W_m \in \mathcal{RH}^\infty$ を使って乗法的摂動を

$$\Delta_m = \Delta W_m \tag{3.3}$$

と定義し，さらに，$\widetilde{P}$ を

$$\widetilde{P} = \{(1 + \Delta W_m)P : \|\Delta\|_\infty \leq 1\} \tag{3.4}$$

[†] $\mathcal{RH}^\infty$ は安定かつプロパな実数の係数を持つ伝達関数の集合を表す（付録 A の**定義 A.2** 参照）．なお，安定かつ厳密にプロパな実数の係数を持つ伝達関数の集合は $\mathcal{RH}^2$ と表記する．

と表現する。$\|\Delta\|_\infty \leq 1$ より

$$|\Delta_m(j\omega)| \leq |W_m(j\omega)|, \quad \forall \omega \tag{3.5}$$

が成り立つので，$W_m(j\omega)$ は $|\Delta_m(j\omega)|$ の輪郭を与えていることになる。

このように，集合で表されたモデルのことを**モデル集合**（model set）という。また，式 (3.3) で示すように，周波数に依存した特性，つまりダイナミクスを持つ摂動を**動的摂動**（unmodeled dynamics）と呼ぶ。

W_m については，式 (3.2) から見積もった $\Delta_m(j\omega_i)$ のゲイン線図を W_m のゲイン線図が覆うように，つまり

$$|\Delta_m(j\omega_i)| \leq |W_m(j\omega_i)|, \quad i = 0, 1, 2, \cdots$$

を満たすように選ぶことで，実測した乗法的摂動を含むモデル集合が得られる。

MATLAB では，動的摂動を生成するコマンド ultidyn が用意されている。ultidyn を使って乗法的摂動を持つモデル集合を定義した例を**実行 3.1** に示す。この例では，式 (3.4) において

$$P = \frac{1}{s+1}, \quad W_m = \frac{2s}{s+10}$$

とした場合のモデル集合 $\tilde{P}$ を定義している。

■ 実行 3.1

```
s   = tf('s');
Pn  = 1/(s+1);     % ノミナルモデル
Wm  = 2*s/(s+10); % 乗法的摂動のゲイン特性
delta = ultidyn('delta',[1 1],'SampleStateDim',4);
% 引数の意味
% 'delta'        : 摂動名
% [1 1]          : 摂動のサイズ (1 行 1 列)
% 'SampleStateDim' : 摂動の次数
P   = (1+Wm*delta)*Pn;
P   = usample(P,50);
w   = logspace(-2,2,100);
bodemag(P,Pn,w)
```

また，実行結果を図 **3.2** に示す。高周波で，ゲイン特性がさまざまに変化している様子が確認できる。

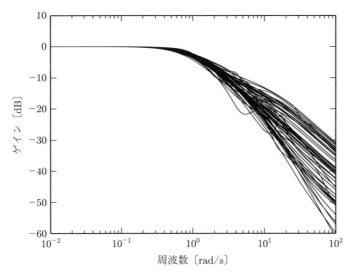

図 3.2 乗法的摂動を持つモデル集合のゲイン線図

3.1.2 加法的摂動

乗法的摂動のときと同様に $\widetilde{P}$ および P を定義したとき

$$\widetilde{P} = P + \Delta_a \tag{3.6}$$

で表現される Δ_a のことをを**加法的摂動**(additive perturbation)と呼ぶ。図 3.3 に加法的摂動を持つシステムのブロック線図を示す。

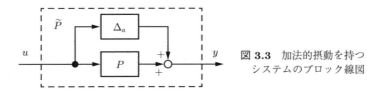

図 3.3 加法的摂動を持つ
システムのブロック線図

乗法的摂動のときと同様に,加法的摂動も実測した周波数応答 $\widetilde{P}(j\omega_i) = g(\omega_i)e^{j\theta(\omega_i)}$ を使って,式 (3.7) から見積もることができる。

$$\Delta_a(j\omega_i) = \widetilde{P}(j\omega_i) - P(j\omega_i) \tag{3.7}$$

式 (3.7) が示すように，加法的摂動は絶対誤差に相当する．

乗法的摂動を持つシステムと同様に，加法的摂動を持つシステムも，式 (3.8) のようにモデル集合として表せる．

$$\widetilde{P} = \{P + \Delta W_a : \| \Delta \|_\infty \leq 1\} \tag{3.8}$$

ただし，$W_a \in \mathcal{RH}^\infty$ は加法的摂動の周波数特性を表す既知の伝達関数であり，乗法的摂動と同様に式 (3.7) から見積もった $\Delta_a(j\omega_i)$ に対して

$$|\Delta_a(j\omega_i)| \leq |W_a(j\omega_i)|, \quad i = 0, 1, 2, \cdots$$

を満たすように W_a を選ぶと，実測した加法的摂動を含むモデル集合が得られる．

3.1.3 乗法的摂動と加法的摂動の見積もり

簡単な例として，2 次遅れシステム

$$P = \frac{\omega_n{}^2}{s^2 + 2\zeta\omega_n s + \omega_n{}^2} \tag{3.9}$$

において，$\omega_n = 1$，$\zeta = 0.1$ の場合をノミナルモデルとし，それらのパラメータが $\pm 20\%$ 変動したものを実制御対象としたときの，乗法的摂動と加法的摂動を見積もる．そのための MATLAB のプログラムを**実行 3.2** に示す．

■ 実行 3.2

```
% 実数の変動パラメータを定義
omega_n = ureal('omega',1,'percent',20);
zeta    = ureal('zeta',0.1,'percent',20);
% 伝達関数の定義
s = tf('s');
P = omega_n^2/(s^2+2*zeta*omega_n*s+omega_n^2);
% 周波数応答の計算
w = logspace(-2,2,100);
P_g = ufrd(P,w); % 摂動を含む場合は frd ではなく ufrd を使う
% 乗法的摂動
Dm_g = (P_g - P_g.nominal)/P_g.nominal;
% 加法的摂動
Da_g = P_g - P_g.nominal;
% ゲイン線図のプロット
```

```
figure(1)
bodemag(P_g,Dm_g,'--')
legend('P','\Delta_m')
figure(2)
bodemag(P_g,Da_g,'--')
legend('P','\Delta_a')
```

実際の制御対象については，その周波数応答のみが得られるという場合が多いことから，**実行 3.2** でも，`ufrd` によって周波数応答を求めてから乗法的摂動と加法的摂動を計算するようにしている．

このプログラムを実行して得られる乗法的摂動および加法的摂動のゲイン線図を，図 3.4 および図 3.5 に示す．なお，各図には，摂動を含む制御対象 $\tilde{P}$ のゲイン特性も合わせて示している．乗法的摂動は相対誤差に相当するので，加法的摂動に比べて，制御対象のゲインが小さくなる高周波においてゲインが大きくなることがわかる．

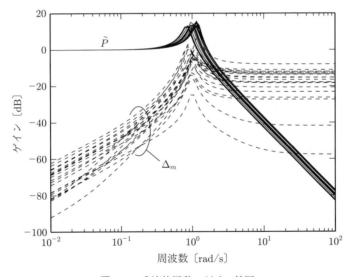

図 3.4 乗法的摂動のゲイン線図

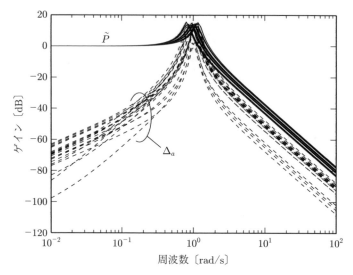

図 3.5 加法的摂動のゲイン線図

3.2 ロバスト安定化問題

3.2.1 スモールゲイン定理

考えられるすべての摂動に対して,閉ループ系が内部安定となる制御器を求める問題は**ロバスト安定化問題**(robust stabilization problem)と呼ばれる。まず,ロバスト安定化問題を説明するうえで重要となる**スモールゲイン定理**(small gain theorem)(**定理 3.1**)を示す[7),9)]。

【**定理 3.1**】 スモールゲイン定理 図 **3.6** において,Δ および M は安定でプロパな伝達関数とする。このとき,$\|\Delta\|_\infty \leq 1$ を満たすすべての Δ に対して,図の閉ループ系が内部安定となるための必要十分条件は $\|M\|_\infty < 1$ となる。

3.2 ロバスト安定化問題　　47

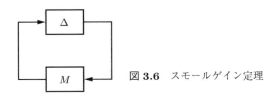

図 3.6　スモールゲイン定理

スモールゲイン定理では Δ は必ずしも既知である必要はなく，その大きさだけわかっていればよいことから，摂動を持つシステムの安定化条件を導くために利用される．

3.2.2　乗法的摂動に対するロバスト安定化

図 3.7(a) に示す通常の直結フィードバック系において，制御対象 $\widetilde{P}$ が式 (3.4) に示す乗法的摂動を持つ場合に，閉ループ系がロバスト安定になる条件をスモールゲイン定理を用いて導出する．まず，目標入力 r は内部安定性に影響を与えないので，省略すると図 (b) へ等価変換できる．ここで，相補感度関数

$$T = \frac{PK}{1 + PK}$$

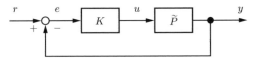

(a)　直結フィードバック系

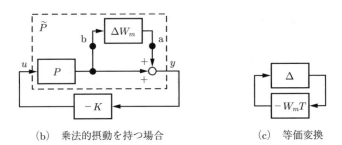

(b)　乗法的摂動を持つ場合　　　　(c)　等価変換

図 3.7　乗法的摂動に対するロバスト安定化

を定義すると，図 (b) において点 a から点 b までの伝達関数は $-T$ になるので，図 (b) はさらに図 (c) に等価変換できる．

図 (c) の閉ループ系を図 **3.6** に見立ててスモールゲイン定理を適用すると，乗法的摂動に対して閉ループ系がロバスト安定となるための必要十分条件として式 (3.10) が得られる[†]．

$$\| W_m T \|_\infty < 1 \tag{3.10}$$

3.2.3 加法的摂動に対するロバスト安定化

図 **3.7**(a) の直結フィードバック系の $\widetilde{P}$ が式 (3.8) に示す加法的摂動を持つ場合は，図 **3.8**(a) に等価変換できる．ここで

$$T_a := \frac{K}{1 + PK} \tag{3.11}$$

を定義すると，図 (a) の点 a から点 b までの伝達関数は $-T_a$ になるので，図 (a) はさらに図 (b) に等価変換できる．ここで，スモールゲイン定理を適用すると，加法的摂動に対して閉ループ系がロバスト安定となるための必要十分条件として，式 (3.12) が得られる．

$$\| W_a T_a \|_\infty < 1 \tag{3.12}$$

ここで，T_a は**準相補感度関数**（semi-complementary sensitivity function）と呼ばれる[10]．

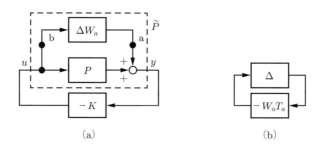

図 **3.8** 加法的摂動に対するロバスト安定化

[†] ノルムを取るので $-T$ の符号は消える．

3.2.4 ロバスト安定化条件の意味

式 (3.10) や式 (3.12) の条件は，それらの意味をゲイン線図上で解釈できる。このことを，乗法的摂動の場合を例にとって説明する。

まず，式 (3.10) から式 (3.13) を得る。

$$\| W_m T \|_\infty < 1 \Leftrightarrow |W_m(j\omega)T(j\omega)| < 1, \quad \forall \omega$$
$$\Leftrightarrow |W_m(j\omega)| \cdot |T(j\omega)| < 1, \quad \forall \omega$$
$$\Leftrightarrow |T(j\omega)| < \frac{1}{|W_m(j\omega)|}, \quad \forall \omega \quad (3.13)$$

また，式 (3.5) より式 (3.14) を得る。

$$\frac{1}{|W_m(j\omega)|} \leq \frac{1}{|\Delta_m(j\omega)|}, \quad \forall \omega \quad (3.14)$$

以上から，式 (3.13) と式 (3.14) を合わせると関係式 (3.15) を得る。

$$|T(j\omega)| < \frac{1}{|W_m(j\omega)|} \leq \frac{1}{|\Delta_m(j\omega)|} \quad (3.15)$$

図 **3.9** に式 (3.15) の関係を示す。この図から，乗法的摂動 Δ_m に対して閉ループ系がロバスト安定になるためには，相補感度関数のゲインは摂動のゲインの逆数よりも下側に周波数整形されなければならないことがわかる。つまり，制御帯域 ω_b は，摂動によって制約されることになる。

式 (3.15) を満たす制御器は必ずしもロバスト制御理論を使わなくても求められるが，制御対象が不安定システムであったり，複数の共振特性を持ったり，あ

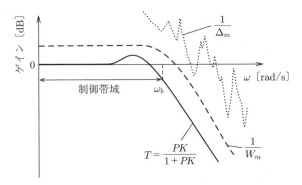

図 **3.9** ロバスト安定化条件の解釈

るいは，多入出力システムであると，必ずしも容易ではない．ロバスト制御理論を使えば，式 (3.15) を満たしながら，制御帯域を最大化する制御器を系統的に求めることができる．

********** 演 習 問 題 **********

【1】 実制御対象 $\widetilde{P}$ およびノミナルモデル P の伝達関数が次式で与えられるとき，乗法的摂動 Δ_m と加法的摂動 Δ_a を計算せよ．

$$\widetilde{P} = \frac{1}{(0.01s+1)(s+1)}, \quad P = \frac{1}{s+1}$$

【2】 ノミナルモデル $P = 1/(10s+1)$ に対して，無駄時間が変動するモデル集合 $\widetilde{P}$ を次式で定義する．このとき，乗法的摂動を覆う重み関数 W を決めよ．

$$\widetilde{P} = \{Pe^{-\tau_d s} : \tau_d \in [0,\ 0.1]\}$$

【3】 ノミナルモデル P および既知の伝達関数 $W \in \mathcal{RH}^2$ に対して，モデル集合 $\widetilde{P}$ を次式で定義する．

$$\widetilde{P} = \left\{ \frac{P}{1+\Delta W} : \|\Delta\|_\infty \leq 1, \quad \Delta \in \mathcal{RH}^\infty \right\}$$

このとき，スモールゲイン定理を用いて，すべての $\widetilde{P}$ に対して，閉ループ系がロバスト安定となるための必要十分条件を導け．

【4】 前問【3】において，モデル集合 $\widetilde{P}$ を次式とした場合の，ロバスト安定化条件を導け．

$$\widetilde{P} = \left\{ \frac{P}{1+\Delta WP} : \|\Delta\|_\infty \leq 1, \quad \Delta \in \mathcal{RH}^\infty \right\}$$

【5】 モデル集合

$$\widetilde{P} = \left\{ \frac{1}{s+a} : a \in [\underline{a}, \overline{a}] \right\} \tag{3.16}$$

と制御器 K で構成される閉ループ系に対して，この系を内部安定化するゲイン制御器 $K = k_p$ を設計する問題を考える．つぎの各問いに答えよ．
(1) 閉ループ系が内部安定となるとき，k_p が満たすべき条件を求めよ．

(2) ノミナルモデルを $P = 1/(s + a_0)$ と定める。ただし，$a_0 = (\underline{a} + \overline{a})/2$ とする。このとき，式 (3.16) は $W = (\overline{a} - \underline{a})/2$ に対して

$$\widetilde{P} = \left\{ \frac{P}{1 + \Delta W P} : |\Delta| \leq 1, \quad \Delta \in \mathcal{R} \right\}$$

と表現できることを示せ。

(3) 上記 (2) で定義したモデル集合において，Δ を実数ではなく，$\| \Delta \|_\infty \leq 1$ を満たす $\Delta \in \mathcal{RH}^\infty$ と仮定する。このように定義し直した Δ に対して，閉ループ系が内部安定となるための k_p の条件を求めよ。

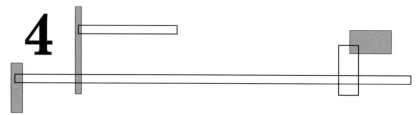

H_∞ 制御系設計

本章では，混合感度問題と呼ばれる典型的な H_∞ 制御問題を説明する。そして，設計例を MATLAB のプログラムを示しながら説明した後，混合感度問題の問題点について述べる。さらに，その問題を解決した修正混合感度問題について説明する。

4.1 混合感度問題

乗法的摂動に対するロバスト安定化問題は，相補感度関数に対する条件として式 (3.10) で与えられることがわかった。しかし，ロバスト安定性を満たすだけでは，あまり実用にならない場合が多い。例えば，バネ–マス–ダンパでモデル化できるパッシブなシステムは，質量やバネ定数，粘性摩擦係数がいくら変動しても，安定である。したがって，このようなシステムに対する究極のロバスト制御器は「何もしない」，つまりフィードバック制御器 $K = 0$ となってしまう。これでは，ロバスト制御の出番はない。

実際の制御系設計でロバスト安定性が問題となるのは，制御性能を上げようとして制御帯域を高めていったときに，制御対象の摂動によって閉ループ系が不安定になるような状況である。つまり，制御性能を向上させようとしたときに，ロバスト安定性が問題となる。したがって，ロバスト安定性は制御性能と

一緒に考える必要がある†。

そこで，制御性能の指標として，感度関数を考える。すでに述べたように，感度関数のゲインを低周波域で最小化することで，目標値追従特性や外乱抑圧特性を高めることができる。このような感度関数に対する要求を具体的に与えるために，図 4.1 に示すように破線を与えて，感度関数のゲインをその破線よりも下側に整形することを考える。安定プロパな伝達関数 W_S をその逆数のゲインが破線で示す特性を持つように選ぶと，感度関数 S に対する条件は式 (4.1) となる。

$$|S(j\omega)| < \frac{1}{|W_S(j\omega)|}, \quad \forall \omega \tag{4.1}$$

式 (4.1) が成り立つと，感度関数のゲインはすべての周波数において $1/W_S$ のゲインの下側に整形されることになる。

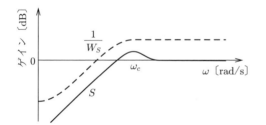

図 4.1 感度関数と重み関数

式 (4.1) は式 (2.7) の関係を用いると，式 (4.2) に示すように H_∞ ノルム条件で表せる。

$$|S(j\omega)| < \frac{1}{|W_S(j\omega)|}, \quad \forall \omega \Leftrightarrow |S(j\omega)W_S(j\omega)| < 1, \quad \forall \omega$$
$$\Leftrightarrow \| SW_S \|_\infty < 1 \tag{4.2}$$

ここで，W_S は周波数領域の設計仕様を H_∞ 制御問題に取り込むための重み関数であり，設計仕様を実現するために設計者が与える設計パラメータとなる。

一方，乗法的摂動に対するロバスト安定化条件は式 (3.10)，つまり

---

† 不安定な制御対象の場合は，$K = 0$ では制御系は安定にならないので，ロバスト安定化問題だけを考えても意味をなす場合もある。

$$\parallel W_T T \parallel_\infty < 1 \tag{4.3}$$

であった。ただし,相補感度関数に対する重み関数であることを強調するために,式 (3.10) の W_m を改めて W_T と表記し直した。

以上をまとめると,ロバスト安定性を満たしつつ,感度関数を低周波域で最小化する問題は式 (4.4) に示す二つの不等式

$$\parallel W_S S \parallel_\infty < 1, \quad \parallel W_T T \parallel_\infty < 1 \tag{4.4}$$

を同時に満たすフィードバック制御器 K を見つける問題となる。この問題は,感度関数と相補感度関数の二つの感度を同時に最適化することから,**混合感度問題**(mixed-sensitivity problem)と呼ばれる。

H_∞ 制御では通常,式 (4.4) で示す独立した二つのノルム条件を同時に満たす解を求めることはできない。そこで,これらを一つのノルム条件にまとめた

$$\left\| \begin{bmatrix} W_S S \\ W_T T \end{bmatrix} \right\|_\infty < 1 \tag{4.5}$$

がかわりに用いられる。H_∞ ノルムの性質から,式 (4.5) を満たせば,式 (4.4) が満たされることは容易に示せる(演習問題【1】)。つまり,式 (4.5) は式 (4.4) の十分条件になっている。この条件は,$|W_S(j\omega)S(j\omega)| \cong |W_T(j\omega)T(j\omega)|$ となる中間周波数帯域で若干保守的な評価となるが,それ以外の周波数帯域では十分よい近似になると考えてよい。

式 (4.5) の混合感度問題を解くためには,この問題に対する一般化プラント G を求めなければならない。G は w, u を入力,z, y を出力とする伝達行列であり,y と u を制御器 K によって閉じて閉ループ系を構成したときに,w から z までの閉ループ伝達関数 G_{zw} が

$$G_{zw} = \begin{bmatrix} W_S S \\ W_T T \end{bmatrix} \tag{4.6}$$

となるように選ぶ必要がある。式 (4.6) は 1 入力 2 出力伝達行列であるから,外部入力を w,制御量を $z = [z_1, z_2]^T$ として,**図 4.2** の一般化プラントを構

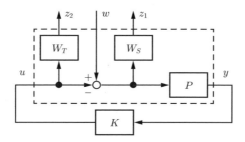

(a) 入力端混合感度問題

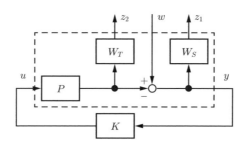

(b) 出力端混合感度問題

図 **4.2** 混合感度問題

成すると，w から z までの伝達関数が式 (4.6) になることが確認できる．なお，図 (a) は**入力端混合感度問題**（input-side mixed-sensitivity problem），図 (b) は**出力端混合感度問題**（output-side mixed-sensitivity problem）と呼ばれる．両者は，P が多入出力系ならば KP と PK が異なるために区別されるが，P が 1 入出力系ならば等価な問題となる．

図 **4.2** の一般化プラントは，以下に述べるようにそのままでは標準 H_∞ 制御問題の仮定を満たさない．

【入力端混合感度問題】

(1) P は厳密にプロパなので直達項は 0．したがって，w から y への直達項を表す D_{21} は 0 になるため，**仮定 A2** は不成立．

(2) P のすべての極は z から不可観測．したがって，それらの極は G_{12} の不変零点になる．これより，P が虚軸上の極を持つと G_{12} も虚軸上に不変

零点を持つことになり，**仮定 A3** は不成立。

【出力端混合感度問題】

(3) P は厳密にプロパなので直達項は 0。したがって，u から z への直達項を表す D_{12} は 0 になるため，**仮定 A2** は不成立。ただし，PW_T が直達項を持つように W_T を非プロパなものに選べば D_{12} を列フルランクにできる。この場合，一般化プラントの状態空間実現を求める際に工夫が必要となる。

(4) P のすべての極は w から不可制御。したがって，それらの極は G_{21} の不変零点になる。これより，P が虚軸上の極を持つと G_{21} も虚軸上に不変零点を持つことになり，**仮定 A4** は不成立。

メカニカルシステムの制御問題では，制御対象に積分器を含む場合が多く，上記 (2), (4) が問題となる。

一方，制御対象が安定の場合は，**仮定 A3** および**仮定 A4** は満たされるので特に問題ないように見えるが，G_{12} や G_{21} の不変零点になった制御対象の安定極は，制御器 K の安定な零点になることが知られており，これによって，制御対象の安定極は，閉ループ極としてそのまま残ってしまう (4.3.1 項参照)。その安定極が虚軸に近い応答の悪い極の場合，外乱などによってその極が加振されると応答がなかなか収束せず問題となることがある。

4.2　2自由度振動系に対する設計例

本節では，RCT を使って，バネ定数に摂動を持つ 2 自由度振動系に対して混合感度問題を適用し，実際に H_∞ 制御器を求める。そして，その性能を評価する。

4.2.1　摂動を持つ制御対象の定義

制御対象とする 2 自由度振動系を図 **4.3** に示す。p_1 [m], p_2 [m] はそれぞ

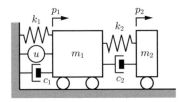

図 4.3　2自由度振動系

れ台車1および台車2の変位を表し，観測出力 y は台車2の変位とする．なお，床面との摩擦はないものとして無視する．制御入力 u はアクチュエータに加えられる電圧で，その K_s 倍が力として台車1に加えられるものとする．各物理パラメータの値を表 4.1 に示す．

表 4.1　2自由度振動系の諸元

パラメータ	説　明	値
m_1	台車1の質量	0.8 kg
m_2	台車2の質量	0.2 kg
k_1	バネ定数	100 N/m
k_2	バネ定数	300 N/m
c_1	粘性摩擦係数	1 Ns/m
c_2	粘性摩擦係数	0.3 Ns/m
K_s	力定数	100 N/V

運動方程式を求めるために，台車1に着目すると

$$m_1 \ddot{p}_1 = K_s u - k_1 p_1 - c_1 \dot{p}_1 - k_2(p_1 - p_2) - c_2(\dot{p}_1 - \dot{p}_2) \tag{4.7}$$

を得る．同様に，台車2に着目すると

$$m_2 \ddot{p}_2 = -k_2(p_2 - p_1) - c_2(\dot{p}_2 - \dot{p}_1) \tag{4.8}$$

を得る．式 (4.7)，(4.8) を整理すると式 (4.9)，(4.10) を得る．

$$m_1 \ddot{p}_1 + (c_1 + c_2)\dot{p}_1 - c_2 \dot{p}_2 + (k_1 + k_2)p_1 - k_2 p_2 = K_s u \tag{4.9}$$

$$m_2 \ddot{p}_2 - c_2 \dot{p}_1 + c_2 \dot{p}_2 - k_2 p_1 + k_2 p_2 = 0 \tag{4.10}$$

ここで，$p = [p_1, p_2]^T$ を定義して，行列形式で表現すると式 (4.11) を得る．

$$M\ddot{p} + C\dot{p} + Kp = Fu \tag{4.11}$$

ただし

$$M = \begin{bmatrix} m_1 & 0 \\ 0 & m_2 \end{bmatrix}, \quad C = \begin{bmatrix} c_1 + c_2 & -c_2 \\ -c_2 & c_2 \end{bmatrix} \tag{4.12}$$

$$K = \begin{bmatrix} k_1 + k_2 & -k_2 \\ -k_2 & k_2 \end{bmatrix}, \quad F = \begin{bmatrix} K_s \\ 0 \end{bmatrix} \tag{4.13}$$

である。

状態方程式を得るために，状態ベクトルを

$$x = \begin{bmatrix} x_1 \\ x_2 \end{bmatrix} = \begin{bmatrix} p \\ \dot{p} \end{bmatrix} = \begin{bmatrix} p_1 \\ p_2 \\ \dot{p}_1 \\ \dot{p}_2 \end{bmatrix}$$

と定義すると

$$\dot{x}_1 = \dot{p} = x_2 \tag{4.14}$$

$$\dot{x}_2 = \ddot{p} = M^{-1}(-Kp - C\dot{p} + Fu) \tag{4.15}$$

$$= -M^{-1}Kx_1 - M^{-1}Cx_2 + M^{-1}Fu \tag{4.16}$$

を得るので，状態方程式は

$$\dot{x} = A_p x + B_p u \tag{4.17}$$

となる。ただし

$$A_p = \begin{bmatrix} O & I \\ -M^{-1}K & -M^{-1}C \end{bmatrix}, \quad B_p = \begin{bmatrix} O \\ M^{-1}F \end{bmatrix}$$

である。また，観測出力 y は台車 2 の変位 p_2 なので，出力方程式は式 (4.18) となる。

$$y = C_p x \tag{4.18}$$

ただし

$$C_p = \begin{bmatrix} 0 & 1 & 0 & 0 \end{bmatrix}$$

である。

以上を用いてノミナルモデル P を

$$P = (A_p, B_p, C_p, 0) \tag{4.19}$$

と定義する。表 4.1 に示すパラメータの場合，1 次共振周波数は約 $10\,\mathrm{rad/s}$，2 次共振周波数は約 $44\,\mathrm{rad/s}$ となる。

ロバスト制御を考えるために，バネ定数 k_2 はノミナル値に対して $\pm 20\%$ の摂動を持つと仮定し，この摂動を持つ制御対象を $\widetilde{P}$ で定義する。プログラム 4.1 に示す m-file を実行することで，P および $\widetilde{P}$ のボード線図を表示できる。m-file において ureal によって摂動を持つパラメータ k2 を定義している。

■ プログラム 4.1　制御対象の定義 (defplant.m)

```
1   %% defplant.m
2   %% パラメータの定義
3   m1 = 0.8;
4   m2 = 0.2;
5   k1 = 100;
6   k2 = ureal('k2',300,'percent',20);
7   c1 = 1;
8   c2 = 0.3;
9   Ks = 100;
10  %% 運動方程式の M,K,C 行列を定義
11  M = [ m1, 0    ;
12        0,  m2 ];
13  C = [ c1+c2, -c2  ;
14        -c2,    c2 ];
15  K = [ k1+k2, -k2  ;
16        -k2,    k2 ];
17  F = [ Ks ;
18        0 ];
19  %% 状態空間実現
20  iM = inv(M);
```

```
21  Ap = [ zeros(2,2),   eye(2,2) ;
22        -iM*K,         -iM*C   ];
23  Bp = [ zeros(2,1) ;
24         iM*F       ];
25  Cp = [ 0 1 0 0 ];
26  Dp = 0;
27  %% 制御対象の定義
28  P = ss(Ap,Bp,Cp,Dp);
29  figure(1)
30  bode(P,{1e0,1e2}) % ボード線図
```

実行結果を図 4.4 に示すが，k_2 の摂動により 2 次共振周波数に摂動を持つことが確認できる。

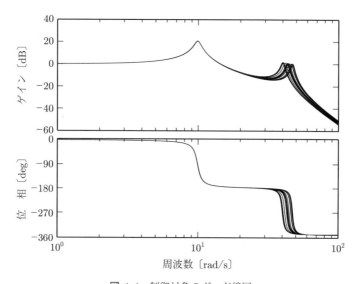

図 4.4 制御対象のボード線図

4.2.2 乗法的摂動の見積もりと重み関数

k_2 の摂動を乗法的摂動として見積もる。そこで，乗法的摂動

$$\Delta_m(j\omega) = \frac{\widetilde{P}(j\omega) - P(j\omega)}{P(j\omega)}$$

の周波数応答を計算し，それを覆う重み関数 W_m を式 (4.20) のように選んだ。

$$W_m = \frac{3\,s^2}{s^2 + 2 \times 0.2 \times 45s + 45^2} \tag{4.20}$$

このときの m-file を**プログラム 4.2** に示す。関数 ufrd によって摂動を含むシステムの周波数応答を計算している。この m-file を実行して得られる乗法的摂動と重み関数のゲイン線図を**図 4.5** に示す。摂動をできるだけタイトに覆うとよいが，H_∞ 制御では，一般化プラントの次数が制御器の次数になるので，高

■ プログラム 4.2 乗法的摂動の見積もり (defpert.m)

```
1   %% defpert.m
2   %% 乗法的摂動の見積もり
3   w    = logspace(0,3,100);  % 周波数ベクトルの定義
4   P_g  = ufrd(P,w);           % 周波数応答の計算
5   Dm_g = (P_g - P_g.nominal)/P_g.nominal; % 乗法的摂動の計算
6   %% 重み Wm の定義
7   s = tf('s');
8   Wm = 3*s^2/(s^2+18*s+45^2);
9   %% ゲイン線図のプロット
10  figure(2)
11  bodemag(Dm_g,'--',Wm,'r-',w)
12  legend('\Delta_m','Wm',4)
```

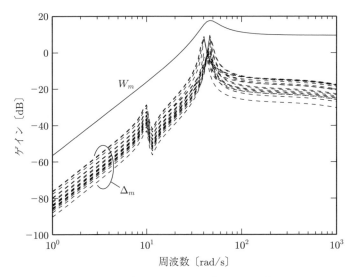

図 4.5 乗法的摂動と重み関数のゲイン線図

次の重みはできるだけ避けたい。そこで，W_m の次数は 2 次とし，Δ_m のピークに合わせて，重み関数の減衰比を若干小さく 0.2 に選んでいる。

4.2.3 感度関数に対する重みと H_∞ 制御器の計算

以上の準備のもと，混合感度問題を解く。つまり，$\gamma = 1$ に対して

$$\left\| \begin{bmatrix} W_S S \\ W_T T \end{bmatrix} \right\|_\infty < \gamma \tag{4.21}$$

を満たす H_∞ 制御器を求める。相補感度関数に対する重み W_T については，乗法的摂動に対するロバスト安定性を保証するため

$$W_T = W_m$$

と選ぶ。感度関数に対する重み W_S については，感度関数のゲインが低周波域で十分小さくなるよう式 (4.22) のように選んだ。

$$W_S = \frac{15}{s + 0.015} \tag{4.22}$$

一般化プラントについては，図 4.2(a) の入力端混合感度問題を用いるが，このままだと w から y までの直達項が 0 となり**仮定 A2** を満たさない。そこで，図 4.6 に示すように新たな外部入力 w_2 と小さな正数 ϵ を導入し，ϵ は式 (4.23) に示す値に選んだ。なお，w_2 は観測ノイズのモデルと考えることもできる。

$$\epsilon = 5 \times 10^{-4} \tag{4.23}$$

感度関数に対する重み関数と一般化プラントの定義を行う m-file[†] を**プログラ**

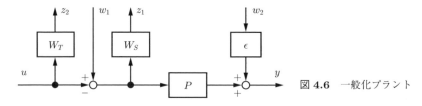

図 4.6　一般化プラント

[†] m-file では，下付き文字が使用できないため，感度関数および相補感度関数に対する重みを `Ws` および `Wt` とした。以降，本文中の数式と表記が異なるものについては適宜読み替えていただきたい。

■ プログラム 4.3　一般化プラントの構成 (defgp.m)

```
1  %% defgp.m
2  %% 重み関数の定義
3  s = tf('s');
4  Ws = 15/(s + 1.5e-2);   % Ws
5  Wt = Wm;                % Wt
6  Weps = 5e-4;            % Weps
7  figure(3)
8  bodemag(Ws,Wt,'--',w);
9  legend('Ws','Wt',4);
10 %% 一般化プラントの定義
11 Pn = P.nominal;
12 systemnames   = 'Pn Ws Wt Weps';
13 inputvar      = '[w1; w2; u]';
14 outputvar     = '[Ws; Wt; Pn+Weps]';
15 input_to_Pn   = '[w1 - u]';
16 input_to_Ws   = '[w1 - u]';
17 input_to_Wt   = '[ u ]';
18 input_to_Weps = '[ w2 ]';
19 G = sysic;
```

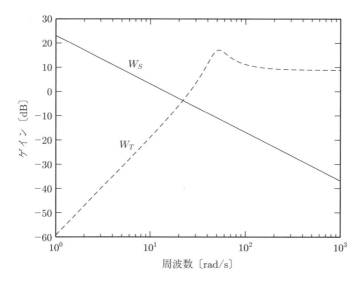

図 4.7　重み関数のゲイン線図

ム 4.3 に示す．重み関数を定義した後，sysic によって一般化プラントを計算し，その結果が G に代入される．また，プログラム 4.3 に示す m-file を実行して得られる重み関数のゲイン線図を図 4.7 に示す．

以上の準備のもと，H_∞ 制御器を計算する関数 hinfsyn を実行 4.1 のように実行すると，w から z までの H_∞ ノルムを最小にする H_∞ 制御器を求めることができる．

■ 実行 4.1

```
[K,clp,gamma_min,hinf_info] = hinfsyn(G,1,1,'display','on')

Test bounds:      0.0000 <  gamma  <=     1.5805

  gamma    hamx_eig  xinf_eig   hamy_eig  yinf_eig   nrho_xy   p/f
  1.581    4.9e-01   0.0e+00    1.4e-02   0.0e+00    0.1580     p
  0.790    4.9e-01  -1.3e+00#   1.2e-02   0.0e+00    3.3869#    f
  1.185    4.9e-01   0.0e+00    1.4e-02   0.0e+00    0.3757     p
  0.988    4.9e-01   0.0e+00    1.3e-02   0.0e+00    0.8718     p
  0.889    4.9e-01   0.0e+00    1.2e-02   0.0e+00    2.2915#    f
  0.938    4.9e-01   0.0e+00    1.3e-02   0.0e+00    1.2652#    f
  0.963    4.9e-01   0.0e+00    1.3e-02   0.0e+00    1.0329#    f
  0.975    4.9e-01   0.0e+00    1.3e-02   0.0e+00    0.9457     p
  0.969    4.9e-01   0.0e+00    1.3e-02   0.0e+00    0.9874     p

 Gamma value achieved:     0.9693
```

hinfsyn では，γ の範囲を自動的に定めて（この例では，$0 < \gamma \le 1.5805$）γ イタレーションを行い，γ の最小値とそのときの H_∞ 制御器を求めてくれる．実行 4.1 では，γ の最小値は 0.9693 となった．

求まった H_∞ 制御器と制御対象のゲイン線図を実行 4.2 のようにして求めた．結果を図 4.8 に示す．

■ 実行 4.2

```
figure(4)
w = logspace(0,2,100);
bodemag(K,P.nominal,'--',w);
legend('K','P.nominal')
```

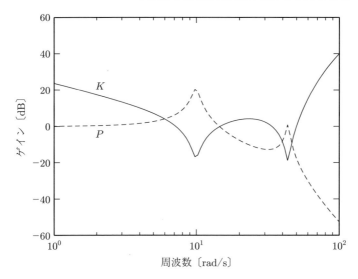

図 4.8 H_∞ 制御器と制御対象のゲイン線図

4.2.4 閉ループ特性の評価

まず，ノミナルモデルに対して設計仕様である式 (4.4)，つまり

$$\| W_S S \|_\infty < 1, \quad \| W_T T \|_\infty < 1$$

が満たされているかどうかをチェックする。

$$\| W_S S \|_\infty < 1$$

が満たされれば，式 (2.7) より

$$|W_S(j\omega) S(j\omega)| < 1, \quad \forall \omega \tag{4.24}$$

$$\Leftrightarrow |W_S(j\omega)||S(j\omega)| < 1, \quad \forall \omega \tag{4.25}$$

$$\Leftrightarrow |S(j\omega)| < \frac{1}{|W_S(j\omega)|}, \quad \forall \omega \tag{4.26}$$

が成立する。つまり，感度関数のゲイン線図は重み関数の逆数 $1/W_S$ のゲイン線図の下側に周波数整形される。同様に

$$\| W_T T \|_\infty < 1 \iff |T(j\omega)| < \frac{1}{|W_T(j\omega)|}, \quad \forall \omega$$

が成り立つので,相補感度関数のゲイン線図も重み関数の逆数 $1/W_T$ のゲイン線図の下側に周波数整形される.そこで,これらの関係を確かめるため,感度関数,相補感度関数,およびそれらに対する重み関数の逆数のゲイン線図をプロットしたものを図 **4.9** に示す.この図から,仕様が満たされていることが確認できる.

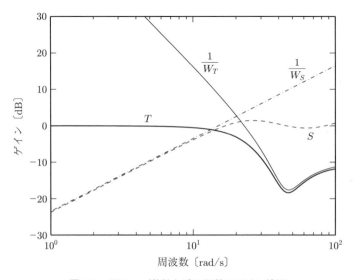

図 **4.9** 閉ループ特性と重み関数のゲイン線図

H_∞ 制御系設計では,H_∞ 制御器が求まった後に,図 **4.9** を確認することがとても重要である.それによって,つぎのようなことがわかる.

① S や T のゲイン線図と重み関数の逆数のゲイン線図の間にすきまがある場合は,重み関数のゲインをさらに大きくできる.ただし,相補感度関数に対する重み W_T は摂動から決まるものなので,基本的に修正せず,感度関数に対する重み W_S を調整する.このとき,W_S は制御帯域がより高くなるように調整するとよい.相補感度関数の重みを調整する場合は,摂動を覆う範囲で行う.

② 式 (4.21) において γ の最小値が 1 未満にならなかった場合は，S または T のゲイン線図と重み関数の逆数のゲイン線図との大小の関係が逆転する周波数帯域が存在する。それらの周波数帯域は，S または T の最小化ができなかったことを意味する。このような場合は，感度関数に対する重み W_S のゲインを下げるなどして $\gamma < 1$ を満たすようにする。

つぎに，ステップ目標値応答を求めた（図 4.10）。モデル集合からランダムにサンプルした複数のモデルに対してステップ目標値応答を計算しているが，いずれの応答も不安定になることなく，目標値へ追従している。この結果からも，ロバスト安定となる制御系が設計できたことが確認できる。

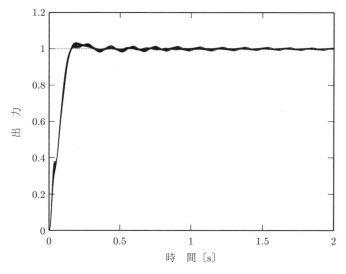

図 4.10　ステップ目標値応答

ところで，フィードバック制御系では，目標値追従特性だけでなく，外乱抑圧特性も重要である。そこで，フィードバック制御系を構成したうえで，制御対象の入力へインパルス外乱を加えたときの応答を求める。制御対象の入力端から出力までの伝達関数は

$$M = \frac{P}{1+PK}$$

となるので，M のインパルス応答を求めればよい。結果を図 4.11(a) に示す。

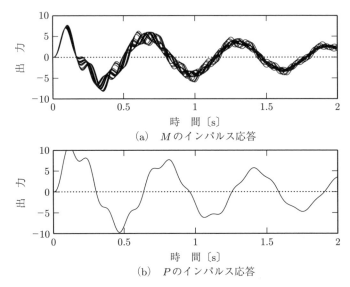

図 4.11 M と P のインパルス応答

なお,図 (b) は比較のために,制御対象(ノミナルモデル)そのものにインパルス入力を加えたときの応答を求めたものである.図 (a) から,インパルス応答の収束が非常に悪いことがわかる.また,図 (b) より,M のインパルス応答は制御対象のインパルス応答とほぼ同じ応答になっていることから,制御対象の応答の悪い極は,フィードバック制御によってより安定度の高い複素平面上のより左側へ移動することなく,ほぼ同じ場所にとどまっていることがわかる.これは,混合感度問題の欠点であり,解決方法については 4.3 節で述べる.

なお,これまで示した一連のシミュレーション結果は,**プログラム 4.4** の m-file を実行することで得られる.

■ プログラム 4.4 閉ループ特性の評価 (chkperf.m)

```
1  %% chkperf.m
2  %% 閉ループ特性の確認
3  L = P*K;
4  T = feedback(L,1); % T = L/(1+L)
5  S = feedback(1,L); % S = 1/(1+L)
6  M = feedback(P,K); % M = P/(1+L)
7  figure(5)
```

```
 8  bodemag(T.nominal,'-',1/Wt,':',S.nominal,'--',1/Ws,'-.',w);
 9  legend('T.nomial','1/Wt','S.nominal','1/Ws',2)
10  figure(6)
11  step(T,2)
12  figure(7)
13  subplot(211),impulse(M,2)
14  subplot(212),impulse(Pn,2)
```

4.3 修正混合感度問題

4.3.1 混合感度問題の問題点と解決方法

4.2 節で示したように，混合感度問題で求めた制御器は，目標値追従特性は良好であるが，外乱応答特性に問題があることがわかった．この原因は，制御対象の極と制御器の零点の間で起こる安定な極零相殺にある．このことを示すために，制御対象 P および制御器 K の伝達関数を多項式の比として式 (4.27) で定義する．

$$P = \frac{n_p}{d_p}, \quad K = \frac{n_k}{d_k} \tag{4.27}$$

ただし，n_p, d_p, n_k, d_k は s の多項式とする．そして，制御対象の極（$d_p = 0$ の根）と制御器の零点（$n_k = 0$ の根）に共通因子 $s = \alpha$ を持つと仮定する．

閉ループ系の特性方程式 $1 + PK = 0$ は

$$n_p n_k + d_p d_k = 0 \tag{4.28}$$

となり，この根が閉ループ極となる．先ほどの仮定より，d_p と n_k は共通因子 $s = \alpha$ を持つので，式 (4.28) は次式となる．

$$(s - \alpha)(n_p \widetilde{n}_k + \widetilde{d}_p d_k) = 0$$

つまり，極零相殺される極 $s = \alpha$ は閉ループ系の極になることを意味する．ただし

$$\widetilde{d}_p = \frac{d_p}{s - \alpha}, \quad \widetilde{n}_k = \frac{n_k}{s - \alpha}$$

と定義した。

実際に，制御対象の極と H_∞ 制御器の零点を求めると，**実行 4.3** に示すように Pn の極と K の零点がほぼ一致していることがわかる（対応する極と零点に * を記した）。

■ 実行 4.3
```
>> pole(Pn)

ans =

  -1.0759 +43.5890i *
  -1.0759 -43.5890i *
  -0.4866 + 9.9190i
  -0.4866 - 9.9190i

>> zero(K)

ans =

  -1.0759 +43.5890i *
  -1.0759 -43.5890i *
  -0.4866 + 9.9190i
  -0.4866 - 9.9190i
  -9.0000 +44.0908i
  -9.0000 -44.0908i
```

また，図 4.8 に示した制御対象と制御器のゲイン線図を見ても，制御対象の共振特性と制御器のノッチ特性がほぼ一致していることから，極零相殺が起きていることがわかる。

H_∞ 制御では基本的に極零相殺が起こりやすい。特に，混合感度問題では，w から z までの伝達関数

$$G_{zw} = \begin{bmatrix} W_S \dfrac{1}{1+PK} \\ W_T \dfrac{PK}{1+PK} \end{bmatrix}$$

の中に，P と K が PK のように必ずペアになって現れるため，P の極がたとえ，虚軸に近い応答の悪い極（共振ピークをもたらす極）であっても，安定な極零相殺であれば内部安定性に影響を与えないので，PK の中で極零相殺が起

きてしまう。

もし，G_{zw} の要素に

$$M = \frac{P}{1+PK} \tag{4.29}$$

が含まれていれば，PK の中で極零相殺は起こりにくくなる。なぜなら，式 (4.29) において P の応答の悪い極を K の零点で相殺しようとしても，分子にある P の極は相殺できないので，M の中に応答の悪い極が残ってしまい，H_∞ ノルムが下がらないからである。

そこで，G_{zw} が式 (4.30) となるよう一般化プラントを修正する。

$$\left\| \begin{bmatrix} W_{PS} \dfrac{P}{1+PK} \\ W_T \dfrac{PK}{1+PK} \end{bmatrix} \right\|_\infty < 1 \tag{4.30}$$

なお，W_{PS} は $P/(1+PK)$ に対する重み関数である。修正した式 (4.30) の一般化プラントは，図 **4.2**(a) の入力端混合感度問題における z_1 の位置を制御対象の出力端に移動した図 **4.12**(a) の一般化プラントとなる。この一般化プラントは，制御対象が持つ応答の悪い極を外乱 w によって励起し，そのときの出力を z_1 で評価するものとなっている。

以降，図 **4.12**(a) の一般化プラントに対する H_∞ 制御問題を**修正混合感度問題**（modified mixed-sensitivity problem）と呼ぶこととする。

修正混合感度問題では $\| W_S S \|_\infty < 1$ だったものが

$$\| W_{PS} PS \|_\infty < 1 \tag{4.31}$$

に変わった。しかし，式 (4.31) は

$$\| W_S S \|_\infty < 1, \quad W_S = W_{PS} P \tag{4.32}$$

のように表記できるので，問題の本質は変わっていないことがわかる。つまり，感度関数の重みを制御対象を含むように選んだ問題が，修正混合感度問題である，ということができる。

72   4. H_∞制御系設計

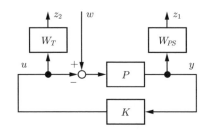

(a) 修正混合感度問題

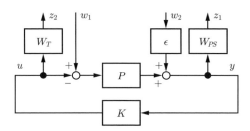

(b) 修正混合感度問題（ϵ の導入法 I）

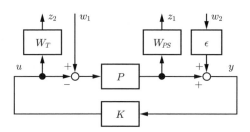

(c) 修正混合感度問題（ϵ の導入法 II）

図 **4.12**　修正混合感度問題

4.3.2　一般化プラントの構成

図 **4.12**(a) では，P のすべての極は z_1 から可観測となるので，P が虚軸上に極を持つ場合でも，**仮定 A3** は満たされる．唯一満たされないのが，D_{21} の行フルランク性である．w から y のパスに厳密にプロパな P が含まれるために D_{21} が 0 になるからである．

そこで，新たな外部入力 w_2 を導入し，D_{21} の行フルランク性を満たすようにした図 (b) および図 (c) の二つの一般化プラントを考える．二つの図は z_1 と

w_2 の位置関係のみが異なっている。

ϵ の導入法 I 〔図 (b)〕の場合，$[w_1, w_2]^T$ から $[z_1, z_2]^T$ までの閉ループ伝達関数 G_{zw} は

$$G_{zw} = \begin{bmatrix} W_{PS} \dfrac{P}{1+PK} & \epsilon W_{PS} \dfrac{1}{1+PK} \\ W_T \dfrac{PK}{1+PK} & \epsilon W_T \dfrac{K}{1+PK} \end{bmatrix} \quad (4.33)$$

となる。一方，ϵ の導入法 II 〔図 (c)〕の閉ループ伝達関数 G_{zw} は

$$G_{zw} = \begin{bmatrix} W_{PS} \dfrac{P}{1+PK} & \epsilon W_{PS} \dfrac{PK}{1+PK} \\ W_T \dfrac{PK}{1+PK} & \epsilon W_T \dfrac{K}{1+PK} \end{bmatrix} \quad (4.34)$$

となる。

式 (4.33) と式 (4.34) では (1,2) 要素のみが異なっている。式 (4.34) の (1,2) 要素に着目すると，ロバスト安定性に関係する相補感度関数に対して，制御性能に関係する重み W_{PS} が作用している。W_{PS} は低周波域で大きなゲインを持つように選ぶので，式 (4.34) の (1,2) 要素の H_∞ ノルムを小さくするには，相補感度関数のゲインが低周波域で小さくならなければならない。しかし，目標値追従特性の観点から相補感度関数のゲインは低周波域で 1 になる必要があるため，低周波域での最小化はできず，矛盾が生じる。ϵ を十分小さく選ぶことでこの問題を回避することもできるが，あまり小さくしすぎると，H_∞ 制御器を計算する過程で数値的悪条件が生じることもある。一方，式 (4.33) の (1,2) 要素は，感度関数に対して W_{PS} が作用しており，どちらも制御性能に関するものであるため，先ほどのような矛盾は生じない。

したがって，図 (b) の一般化プラントが ϵ の導入方法として適切であるといえる。以降，修正混合感度問題は図 (b) の一般化プラントを用いることにする。**プログラム 4.5** に，重み関数および図 (b) の一般化プラントを定義するための m-file を示す。

4. H_∞ 制御系設計

■ プログラム 4.5　一般化プラントの定義（修正混合感度問題）（defgp2.m）

```
1   %% defgp2.m
2   %% 重み関数の定義
3   s = tf('s');
4   Ws = 15/(s + 1.5e-2);
5   Wps = Ws*0.8;
6   Wt = Wm;
7   Weps = 5e-4;
8   figure(3)
9   bodemag(Ws,':',Wps,Wps*P.nominal,'-.',Wt,'--',w);
10  legend('Ws','Wps','Wps*P','Wt',4)
11  %% 一般化プラントの定義
12  Pn = P.nominal;
13  systemnames  = 'Pn Wps Wt Weps';
14  inputvar     = '[w1; w2; u]';
15  outputvar    = '[Wps; Wt; Pn+Weps]';
16  input_to_Pn  = '[w1 - u]';
17  input_to_Wps = '[Pn + Weps]';
18  input_to_Wt  = '[ u ]';
19  input_to_Weps = '[ w2 ]';
20  G = sysic;
```

修正混合感度問題における重み関数 W_{PS} については，式 (4.22) のゲインを 0.8 倍したものとして式 (4.35) のように与えた．

$$W_{PS} = \frac{15}{s + 0.015} \times 0.8 \tag{4.35}$$

重み関数のゲイン線図を図 **4.13** に示す．太実線が W_{PS} を表し，それを感度関数に対する重み $W_S = W_{PS}P$ へ換算したときのゲイン特性を一点鎖線で示す．また，比較のために，混合感度問題を解く際に用いた感度関数に対する重み W_S のゲイン特性を細実線で示した．図から，低周波域では W_S と $W_{PS}P$ のゲイン特性はほぼ等しいことが確認できる．

なお，重み W_{PS} を式 (4.35) のように式 (4.22) で定義した W_S の 0.8 倍に選んだ理由は，感度関数 S に対する重みが $W_{PS}P$ のように P を含むことで 10 rad/s 付近のゲインが増加するため，W_{PS} の全体のゲインを若干下げることでその影響を抑えようとしたためである．

これらの重み関数を用いて一般化プラントを構成し，hinfsyn により γ イタレーションを実行した．結果を実行 **4.4** に示す．

4.3 修正混合感度問題

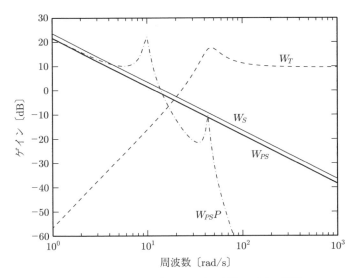

図 4.13 修正混合感度問題の重み関数のゲイン線図

■ 実行 4.4

```
[K,clp,gamma_min,hinf_info] = hinfsyn(G,1,1,'display','on')

Test bounds:      0.0000 <  gamma  <=      1.7364

    gamma    hamx_eig  xinf_eig  hamy_eig  yinf_eig   nrho_xy   p/f
    1.736    1.1e+00   3.5e-07   1.5e-02   0.0e+00   0.1366     p
    0.868    1.0e+00   3.7e-07   1.5e-02   0.0e+00   3.1629#    f
    1.302    1.0e+00   3.6e-07   1.5e-02  -2.1e-26   0.3050     p
    1.085    1.0e+00   3.6e-07   1.5e-02   0.0e+00   0.5987     p
    0.977    1.0e+00   3.6e-07   1.5e-02   0.0e+00   1.0375#    f
    1.031    1.0e+00   3.6e-07   1.5e-02  -2.4e-27   0.7637     p
    1.004    1.0e+00   3.6e-07   1.5e-02  -1.5e-27   0.8813     p
    0.990    1.0e+00   3.6e-07   1.5e-02   0.0e+00   0.9535     p
    0.984    1.0e+00   3.6e-07   1.5e-02  -2.7e-27   0.9938     p

 Gamma value achieved:      0.9835
```

得られた H_∞ 制御器のゲイン線図を図 4.14 に示す．この図を見ると，1 次共振周波数付近にあった制御器のノッチ特性が消えていることから，P と K の間の極零相殺は起きていないといえる．実際，先ほどと同様に制御対象の極と制御器の零点を調べると実行 4.5 のようになるが，1 次共振モードの極 $s = -0.4866$

4. H_∞ 制御系設計

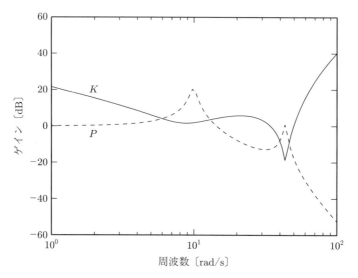

図 **4.14** H_∞ 制御器と制御対象のゲイン線図

■ 実行 **4.5**

```
>> pole(Pn)

ans =

  -1.0759 +43.5890i
  -1.0759 -43.5890i
  -0.4866 + 9.9190i
  -0.4866 - 9.9190i

>> zero(K)

ans =

  -1.0233 +43.5719i
  -1.0233 -43.5719i
  -3.8745 + 7.6055i
  -3.8745 - 7.6055i
  -9.0000 +44.0908i
  -9.0000 -44.0908i
```

$\pm 9.9190j$ に対応する零点を K は持っていないことが確認できる。

図 **4.15** に感度関数 S と感度関数に対する重み $W_{PS}P$, および相補感度関数

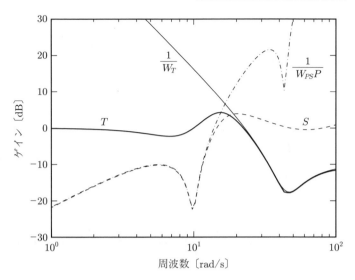

図 4.15　閉ループ特性と重み関数のゲイン線図

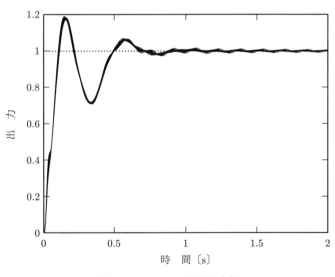

図 4.16　ステップ目標値応答

T と相補感度関数に対する重み W_T のゲイン線図を示す．この図から，感度関数および相補感度関数のゲイン特性が重み関数によってタイトに周波数整形さ

れている様子が確認できる。

ステップ目標値応答には，図 **4.16** に示すように目標値付近で振動のような望ましくない応答が現れており，図 **4.10** に比べて応答特性が悪化している。一方，M のインパルス応答については，図 **4.17** に示すように，1 次振動モードは速やかに 0 に収束していることが確認できる。

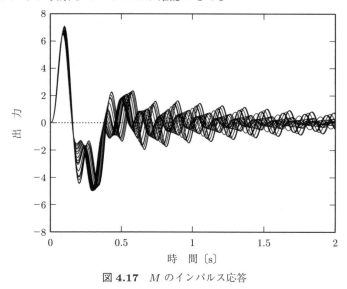

図 **4.17** M のインパルス応答

4.4 2自由度制御による目標値応答の改善

修正混合感度問題により，外乱応答（M のインパルス応答）は改善されたが，目標値応答特性は劣化してしまった。図 **4.18** に示す直結フィードバック制御系では，目標値応答特性，外乱抑圧特性，ロバスト安定性を一つの制御器で決定しなければならず，各特性の間のトレードオフをとることが難しい。また，そのために，多くの試行錯誤が必要となる。特に H_∞ 制御では，H_∞ ノルムと過渡応答の間に明確な対応関係がないため[†]，過渡応答の直接的改善はもともと得意ではない。

---

† H_2 ノルムについては，伝達関数の H_2 ノルムとインパルス応答の 2 乗積分ノルムの間に一対一の関係がある。これは，パーセバルの定理として知られる。

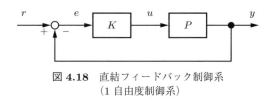

図 4.18 直結フィードバック制御系
(1 自由度制御系)

このような理由から，H_∞ 制御では，以下で説明する 2 自由度制御によって目標値応答特性を改善することがよく行われる．つまり，外乱抑圧特性とロバスト安定性を重視したフィードバック制御器を H_∞ 制御により設計し，目標値応答特性については，フィードバック制御器に H_∞ 制御器を用いた 2 自由度制御により改善する，といったアプローチがよく取られる．

図 4.18 の制御系に対して，図 4.19 の制御系は **2 自由度制御系** (two-degree-of-freedom control system) と呼ばれ，制御器が目標値と出力との偏差ではなく，目標値と出力をそれぞれ独立に利用できるところが特徴となっている．これにより，フィードバック特性とは別に，目標値から出力までの伝達特性にもう一つの自由度を与えることができるようになる．なお，図 4.18 の制御系は **1 自由度制御系** (one-degree-of-freedom control system) とも呼ばれる．

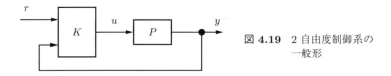

図 4.19 2 自由度制御系の一般形

図 4.20 に典型的な 2 自由度制御系の例をいくつか示す．図 (a) の制御系は産業界でよく用いられる 2 重ループの制御系であり，I-PD 制御系もこの形となるが，2 自由度制御系に分類できる．図 (b) の制御系は目標値 r から制御入力 u へフィードフォワードパスを持つものであり，図 4.18 の 1 自由度制御系の過渡特性を改善するために，K_2 が後から追加される形で設計されることもある．図 (c) の制御系は**モデルマッチング 2 自由度制御系** (model-matching two-degrees-of-freedom control system) と呼ばれ，図 4.20 の中では設計自由度が一番高く，フィードバック特性とフィードフォワード特性（目標値応答

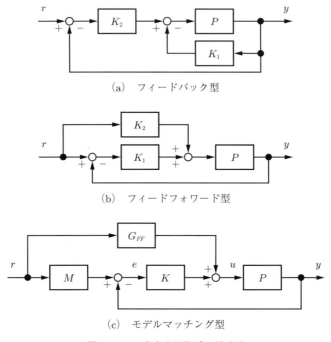

(a) フィードバック型

(b) フィードフォワード型

(c) モデルマッチング型

図 4.20 2自由度制御系の構成法

特性)を完全に分離して設計できるため,使いやすい.以下では,このモデルマッチング2自由度制御について説明する.

図 (c) のモデルマッチング2自由度制御系において, M は **規範モデル**(reference model)と呼ばれ, r から y までの伝達関数が M に一致,つまり,マッチングするように G_{FF} が決定される.具体的には

$$G_{FF} = \frac{M}{P} \tag{4.36}$$

と定めることで, r から y までの伝達特性は次式に示すように M に完全に一致する.

$$\begin{aligned} y &= \left[\frac{PK}{1+PK} M + \frac{P}{1+PK} \frac{M}{P} \right] r \\ &= \left[\frac{PK}{1+PK} + \frac{1}{1+PK} \right] Mr \\ &= Mr \end{aligned}$$

4.4 2自由度制御による目標値応答の改善

このように,目標値応答は $y = Mr$ となり,フィードバック制御器に全く依存しない。つまり,目標値応答特性は,外乱抑圧特性やロバスト安定性といったフィードバック特性とは完全に切り離して設計できる。これが,2自由度制御系の最大のメリットである。

なお,規範モデル M は完全に自由に選べるわけではなく,つぎの条件 ①, ② を満たす必要がある。

① M は安定かつプロパ

② $G_{FF} = M/P$ は安定かつプロパ

② の条件については,P が不安定零点を持たないとき,M の相対次数が P の相対次数と等しいかそれ以上になるように M を選べばよい。また,P が不安定零点を持つときは,その不安定零点が $1/P$ の極となるため,M/P が安定になるために $1/P$ の不安定極を M の零点でキャンセルしなければならない。つまり,相対次数の条件に加えて,P の不安定零点を M が零点として持つ,という条件が加わる。

モデルマッチング2自由度制御系において $y = Mr$ という特性は,P に摂動が一切ない理想状態においてのみ達成される。そこで,制御対象が乗法的摂動を持つ場合を考え,その摂動が目標値応答特性にどのような影響を与えるかについて考察する。

まず,図 (c) の P が式 (4.37) に示す乗法的摂動 Δ_m を持つものと仮定する。

$$\widetilde{P} = (1 + \Delta_m)P \tag{4.37}$$

ただし,G_{FF} については,ノミナルモデル P を用いて式 (4.36) から定めるとする。このとき,r から y までの伝達特性は式 (4.38) のようになる。

$$y = \left[\frac{\widetilde{P}K}{1 + \widetilde{P}K} M + \frac{(1 + \Delta_m)P}{1 + \widetilde{P}K} \frac{M}{P} \right] r$$

$$= \left[\frac{\widetilde{P}K}{1 + \widetilde{P}K} + \frac{1 + \Delta_m}{1 + \widetilde{P}K} \right] Mr$$

$$= \left[\frac{\widetilde{P}K}{1+\widetilde{P}K} + \frac{1}{1+\widetilde{P}K} + \frac{\Delta_m}{1+\widetilde{P}K}\right] Mr$$

$$= \left[1 + \Delta_m \frac{1}{1+\widetilde{P}K}\right] Mr \tag{4.38}$$

つまり，フィードバック制御器は制御対象が摂動した際の性能に関係し，摂動の影響は，乗法的摂動と感度関数の積として現れることがわかる。通常，フィードバック制御器は，制御帯域において感度関数のゲインが十分小さくなるように設計するので，摂動の影響は制御帯域において抑制される。

それでは，実際にモデルマッチング2自由度制御系を構成して，シミュレーションを行う。制御対象の伝達関数は**実行 4.6** に示すように分母が4次，分子が1次となることから，式 (4.36) がプロパになるためには，規範モデル M の相対次数は3次以上でなければならない。

■ 実行 4.6

```
>> tf(P.nominal)

ans =

  入力 "u" から出力 "y":
              187.5 s + 1.875e05
  -----------------------------------------------
  s^4 + 3.125 s^3 + 2002 s^2 + 2063 s + 1.875e05

連続時間の伝達関数です。
```

そこで，規範モデルは式 (4.39) のように与えることとした。

$$M = \frac{\omega_n^2 \alpha}{(s^2 + 2\zeta\omega_n s + \omega_n^2)(s + \alpha)} \tag{4.39}$$

式 (4.39) の伝達関数は

$$\alpha \leq \zeta\omega_n \tag{4.40}$$

を満たすと，オーバーシュートのないステップ応答が得られることが知られている[12]。減衰比 ζ については，$1/\sqrt{2} \cong 0.7$ がよく使われるので，ここでは

$$\alpha = \zeta\omega_n, \quad \zeta = 0.7$$

4.4 2自由度制御による目標値応答の改善

として，ω_n で応答の速さを調整することにする。

以上より，実行 4.7 のように，規範モデル M（M）とフィードフォワード制御器 G_{FF}（Gff）を与える。ω_n については，良好な応答が得られるように試行錯誤を行い $\omega_n = 20$ とした。

■ 実行 4.7

```
% 規範モデル
omega_n = 20;
zeta    = 0.7;
alpha   = zeta*omega_n;
M       = omega_n^2*alpha/((s^2+2*zeta*omega_n*s+omega_n^2)*(s+alpha));
% フィードフォワード制御器
Gff = ss(M/tf(P.nominal));
```

図 (c) のブロック線図の構築には sysic が使えるが，ここでは，CST の関数である connect を使ってみる。connect では，実行 4.8 に示すように，各ブロックの入力および出力信号名を定義した後，関数 sumblk を使って信号の加算や減算を定義し，最後に connect を実行することで，Gtdof に 2 自由度制御系全体の入出力特性が求まる。

■ 実行 4.8

```
%% 各ブロックの入出力名を定義
P.y     = 'y';
P.u     = 'u';
K.y     = 'ufb';
K.u     = 'e';
Gff.y   = 'uff';
Gff.u   = 'r';
M.y     = 'yr';
M.u     = 'r';
%% 加算点の定義
sum1    = sumblk('u=uff+ufb');
sum2    = sumblk('e=yr-y');
%% 接続の実行
Gtdof = connect(P,K,Gff,M,sum1,sum2,'r',{'y','u'});
```

なお，connect の最後の二つの引数（実行 4.8 では 'r' と {'y','u'}）で Gtdof への入力および出力の信号を定義している。したがって，Gtdof(1,1) は r から y までの伝達関数，Gtdof(2,1) は r から u までの伝達関数になる。

あとは，実行 **4.9** によってステップ目標値応答を表示すればよい。

■ 実行 **4.9**

```
subplot(211)
step(Gtdof(1,1),1);
ylim([0 1.2])
subplot(212)
step(Gtdof(2,1),2);
ylim([-5 5])
```

図 **4.21** に示すように，変動モデルに対して，ステップ目標値応答が求まる。なお，上段が出力の応答，下段が制御入力の応答を表す。2 自由度制御系により，図 **4.16** の応答が著しく改善されたことがわかる。

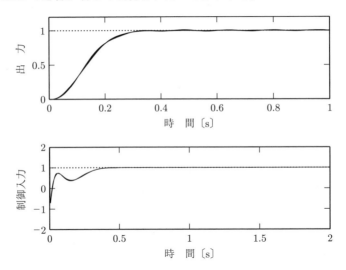

図 **4.21** 2 自由度制御系のステップ目標値応答（$\omega_n = 20$）

ここで，式 (4.39) の ω_n を 20 から 50 へ大きくして，応答を速めようとすると，図 **4.22** に示すように，応答にばらつきが見られ，ロバスト性が低下する。2 自由度制御系では式 (4.37) のように摂動があると，得られる応答は規範モデルの応答とは完全に一致せず，式 (4.38) のように摂動 Δ_m の影響が現れることを説明したが，このシミュレーション結果からもそのことが確認できる。

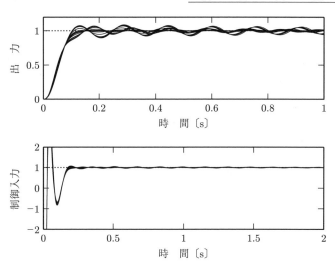

図 4.22 2自由度制御系のステップ目標値応答（$\omega_n = 50$）

********** 演 習 問 題 **********

【1】 公式 $\| MN \|_\infty \leq \| M \|_\infty \| N \|_\infty$ を使って，$\| G \|_\infty < 1$ かつ $\| H \|_\infty < 1$ の十分条件は

$$\left\| \begin{bmatrix} G \\ H \end{bmatrix} \right\|_\infty < 1$$

となることを示せ。

【2】 直結フィードバック制御系において，制御対象 P と制御器 K はともに1次システムとし，それらの状態空間実現が次式で与えられるとき，つぎの各問い (1)〜(3) に答えよ。

$$P = (a_p, b_p, 1, 0), \quad K = (a_k, b_k, 1, d_k)$$

ただし，b_p, b_k, d_k は非零とする。
(1) r から y までの状態空間実現 $G_{cl} = (A_{cl}, B_{cl}, C_{cl}, D_{cl})$ を求めよ。
(2) P の極が制御器 K の零点で極零相殺されるとき，P の極が A_{cl} の固有値になることを示せ。

(3) 上記 (2) のもとで，P の極が (A_{cl}, B_{cl}) の不可制御モードになることを示せ。

【3】 加法的摂動に対する，ロバスト安定化と感度関数の周波数整形を同時に考えた混合感度問題は

$$\left\| \begin{bmatrix} \dfrac{1}{1+PK} W_S \\ \dfrac{K}{1+PK} W_T \end{bmatrix} \right\|_\infty < 1$$

を満たす内部安定化制御器 K を求める問題となる。ただし，P は 1 入出力系とし，W_S および W_T は重み関数である。このとき，つぎの各問いに答えよ。

(1) 一般化プラント G のブロック線図を描き，G の伝達行列表現を求めよ。

(2) 上記 (1) の一般化プラントは標準 H_∞ 制御問題の**仮定 A1～A4** を満たすかどうか考察せよ。

(3) $W_S = W_T = 1$ としたとき，一般化プラント G の状態空間実現を求めよ。ただし，$P = (A_p, B_p, C_p, 0)$ とする。

5 ハードディスクドライブの H_∞ 制御

本章では，ハードディスクドライブのフォロイング制御系のフィードバック制御器を H_∞ 制御によって設計する。H_∞ 制御器設計の基本的な流れについては，第 4 章で説明したので，本章では，より実践的な観点から重み関数の具体的な選定方法や，ゲイン余裕・位相余裕を考慮した設計法などについて，MATLAB のプログラムを示しながらできるだけ具体的に説明する。また，制御器を計算機で実装する際に必要となる離散化についても説明する。

5.1 制 御 対 象

図 5.1 に示すようにハードディスクドライブのヘッド位置決め制御は，アームの先端に取り付けられた磁気ヘッドをボイスコイルモータ（voice coil motor：VCM）によって駆動して行うのが一般的となっている。データは磁気ディス

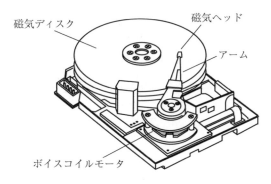

図 5.1　ハードディスクドライブ

ク上に同心円状に記録され,各同心円はトラックと呼ばれる。ヘッド位置決め制御には,トラック間の移動を行うシーク制御とデータを読み書きする際にトラック中心に追従させるフォロイング制御に大きく分けることができるが,ここではフォロイング制御系の設計に的を絞って述べる。

フォロイング制御系は,図 **5.2** に示す基本的な直結フィードバック制御系となっており,u が VCM への電流指令値〔A〕,y がヘッド位置〔トラック〕,r が目標ヘッド位置〔トラック〕に対応する。ここでは,制御対象のモデルとして HDD ベンチマーク問題[2]で定義されているものを用いる。

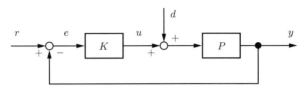

図 **5.2** フォロイング制御系

HDD ベンチマーク問題は,本書執筆の時点で Ver.3.1 がリリースされており,Ver.3.1 には,Ver.1 と Ver.2 の制御対象と外乱のパラメータセットが用意されている。Ver.1 はフォロイング制御,Ver.2 はシーク制御に適したパラメータ設定となっている。ここでは,フォロイング制御を想定し,Ver.1 のパラメータを用いて設計を行う。

HDD ベンチマーク問題では,制御対象のモデルは式 (5.1) で定義されている。

$$P_f = K_p P_{\mathrm{mech}} e^{-T_d \cdot s}, \quad K_p = \frac{K_f}{mT_p} \tag{5.1}$$

ただし,$e^{-T_d \cdot s}$ は A–D や D–A 変換,制御器の演算によって生じるむだ時間を表す。また,P_{mech} は式 (5.2) で定義されるヘッドアクチュエータの機構モデルであり,入力を加速度〔m/s^2〕,出力を変位〔m〕とする伝達関数である。

$$P_{\mathrm{mech}} = \sum_{i=1}^{N} \frac{A_i}{s^2 + 2\zeta_i \omega_i s + \omega_i^2}, \quad \omega_i = 2\pi f_i \tag{5.2}$$

フルオーダモデルは $N = 7$ とした 14 次のモデルとして定義されており,Ver.1

5.1 制御対象

の各パラメータの値を表5.1および表5.2に示す．なお，本章では，周波数の単位としてHzを使う．これは，HDDの制御系設計の現場では，rad/sではなくHzがよく用いられることによる．

表5.1 制御対象の各種パラメータ（Ver.1）

説明	値	単位
T_d：入力むだ時間	1.0×10^{-5}	s
K_f：力定数	9.512×10^{-1}	N/A
m：等価質量	1.0×10^{-3}	kg
T_p：トラック幅	2.54×10^{-7}	m

表5.2 P_{mech}に関するパラメータ（Ver.1）

i	f_i〔Hz〕	ζ_i	A_i
1	90	0.5	1.0
2	4 100	0.02	−1.0
3	8 200	0.02	1.0
4	12 300	0.02	−1.0
5	16 400	0.02	1.0
6	3 000	0.005	0.01
7	5 000	0.001	0.03

図5.3に，剛体モードのみからなるノミナルモデルとフルオーダモデルのゲイン線図を示す．フルオーダモデルのゲイン線図からわかるように，ハードディスクドライブでは，ヘッド支持系が柔軟な構造となっているため，高周波域に多くの機械共振モードを持つ．さらに，各モードの共振周波数や減衰係数は個体間によってばらつき，温度などの環境の変化によっても大きく変動するため，

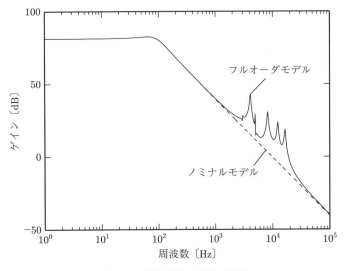

図5.3 制御対象のゲイン線図

HDD ベンチマーク問題では，変動モデルも定義されている．変動モデルのゲイン線図を図 5.4 に示す．ノミナルモデルを含め 10 通りの変動モデルが定義されている．

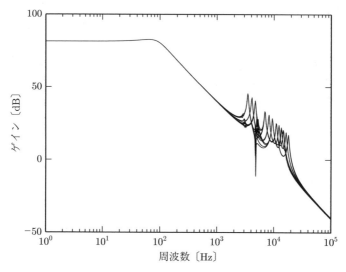

図 5.4　制御対象のゲイン線図（変動モデル）

以降では，図 5.4 に示すすべての変動モデルに対して制御系がロバスト安定になるように，H_∞ 制御器を設計する．そこで，式 (5.2) の N を 1 に選んだ剛体モデル（図 5.3 の破線）をノミナルモデルに設定し，ノミナルモデルと変動モデルの間の誤差を乗法的摂動として取り扱うことで，ロバスト安定な制御系を設計する．その際，簡単のため，制御系設計およびシミュレーションにおいて，むだ時間 T_d は 0 として取り扱うこととする．

本章で説明する MATLAB プログラムは，HDD ベンチマーク問題を実行することで得られる各種変数を利用する．そのための準備について簡単に説明する．まず

```
http://hflab.k.u-tokyo.ac.jp/nss/MSS_bench.htm
```

（2017 年 2 月現在）

5.1 制御対象

からHDDベンチマーク問題のファイル一式をダウンロードしてzipファイルを解凍する．そして，その中にある HDDBench.m を実行し，パラメータファイルの選択については，Ver.1のパラメータを使うため，**実行 5.1** のように1を入力する．

■ 実行 5.1

```
>> HDDBench
Specify the version of parameter file [1 or 2] or just hit return: 1
HDD Benchmark Model Ver.1.0
```

すると，多数のグラフが表示された後に

(1) `mainPlantDataV1.mat`

(2) `mainDistDataV1.mat`

の二つの mat ファイルが保存される．(1) には制御対象のパラメータに関する変数，(2) には外乱の時系列データが保存される．本書では，(1) に保存された変数を使って制御系設計およびシミュレーションを行う．例えば，図 **5.3** および図 **5.4** は，**プログラム 5.1** に示す m-file を実行することで得られる．

■ プログラム 5.1　制御対象の定義 (defplant.m)

```
 1  %% defplant.m
 2  %% 初期化
 3  close all
 4  clear all
 5  %% HDDBenchmark Ver.1 データのロード
 6  load mainPlantDataV1
 7  %% ノミナルモデル
 8  Pn = PlantData.Pn;
 9  Pn.inputdelay = 0; % 設計ではむだ時間を0とする
10  %% フルオーダモデル
11  Pf = PlantData.Pf;
12  Pf.inputdelay = 0;
13  %% フルオーダモデル（変動あり）
14  Pfpert = PlantData.Pfpert;
15  %% 制御対象の周波数応答
16  figure(1)
17  f    = logspace(0,5,600);
18  w    = 2*pi*f;
19  Pn_g = frd(Pn,w);
20  Pf_g = frd(Pf,w);
```

```
21  bodemag(Pn_g,'--',Pf_g)
22  ylim([-50 100])
23  legend('Nominal model','Full-order model')
24  %% 変動モデルの周波数応答
25  figure(2)
26  Pfpert.inputdelay = 0;
27  Pfpert_g = frd(Pfpert,w);
28  bodemag(Pfpert_g);
29  ylim([-50 100])
```

defplant を実行することで，剛体モデルが Pn に，フルオーダモデルが Pf に，そして，摂動を持つフルオーダモデルが Pfpert に保存される。

5.2 修正混合感度問題による設計

本節では，第4章で説明した修正混合感度問題によりフォロイング制御器を設計する。そこでまず，仕様をつぎのように与える。

- ディスクが回転することで発生する風外乱（風乱）や同期振動など，制御対象の**入力端に加わる外乱**をできるだけ抑圧する。
- 制御対象の摂動を**乗法的摂動**として見積もり，それらに対してロバスト安定化を図る。

5.2.1 設　計　I

修正混合感度問題の一般化プラントを構成するには，図 **4.12**(b) の重み関数 W_T, W_{PS} および ϵ を与える必要がある。

まず，W_T について説明する。W_T はロバスト安定性を保証するために乗法的摂動を覆うように選ぶ必要がある。そのためにはまず，乗法的摂動 Δ_m の大きさを見積もらなければならない。乗法的摂動はノミナルモデルの周波数応答 $P(j\omega)$ と実システムの周波数応答 $\widetilde{P}(j\omega)$ から

$$\Delta_m(j\omega) = \frac{\widetilde{P}(j\omega) - P(j\omega)}{P(j\omega)}, \quad \forall \omega \tag{5.3}$$

のようにして計算できるので，サーボアナライザなどにより得られる実測デー

タ $\widetilde{P}(j\omega)$ があれば $\Delta_m(j\omega)$ が計算できる．これをゲイン線図としてプロットし，W_T はそれを覆うように選ぶ．

今回は，HDD ベンチマーク問題を用いるので，10 通りの変動モデル $\widetilde{P}$ があらかじめ用意されている．そこで，それらの変動モデルから式 (5.3) より乗法的摂動の周波数応答 $\Delta_m(j\omega)$ を計算する．

さて，W_T はロバスト安定性を保証するために Δ_m のゲイン線図を覆うように選ぶのが大前提ではあるが，同時に，相補感度関数を周波数整形するという観点から，ほかにも注意すべき点がいくつかある．それらについて以下で説明する．

① $\|W_T T\|_\infty < 1$ が満たされると，図 5.5 に示すように，相補感度関数 T は重み関数の逆数 $1/W_T$ で抑えられる．このことから，W_T が 0 dB と交わる点（図中の ω_c）が制御帯域の上限となる．したがって，ω_c ができるだけ高くなるように W_T を選ぶとよい．

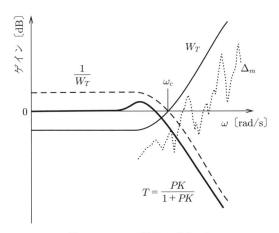

図 5.5 W_T の選択のポイント

② 目標値追従特性や外乱抑圧特性を高めるためには，感度関数 S のゲインを低周波域で十分小さくする必要がある．恒等式 $S + T = 1$ の関係から，相補感度関数 T は，低周波域でほぼ 0 dB となる．したがって，図 5.5 に示すように，W_T の低域のゲインは 0 dB を下回るように選ばなければならない．

そこで，Δ_m を覆いながら，ω_c ができるだけ高くなるように，W_T の次数を少し高く4次とし，式 (5.4) に示す伝達関数を選んだ．

$$W_T = \left(\frac{s^2 + 2\zeta_{tn}\omega_{tn}s + \omega_{tn}{}^2}{s^2 + 2\zeta_{td}\omega_{td}s + \omega_{td}{}^2} \right)^2 g_t \tag{5.4}$$

式 (5.4) のゲイン線図の折れ線近似は，低周波域のゲインが

$$W_T(0) = \left(\frac{\omega_{tn}}{\omega_{td}} \right)^4 g_t$$

となり，高周波域のゲインが $W_T(\infty) = g_t$ になることから図 **5.6** のようになる．ただし，図の折れ線近似は $\zeta_{tn} = 1$ および $\zeta_{td} = 1$ の場合を描いたが，これらの値を1より小さく選ぶことで ω_{tn} あるいは ω_{td} 付近のゲインの変化をより急峻にできる．この特性を踏まえながら式 (5.4) の各パラメータを調整したところ，多少の試行錯誤を経て，つぎの値を得た．

$$\omega_{tn} = 2\pi \times 800, \quad \zeta_{tn} = 1,$$
$$\omega_{td} = 2\pi \times 4500, \quad \zeta_{td} = 0.3, \quad g_t = 22$$

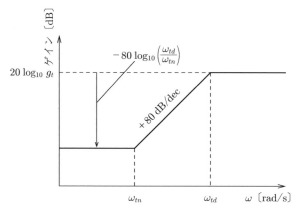

図 **5.6** W_T のゲイン線図の折れ線近似

D_{21} のランク条件を満すために導入した ϵ については，小さな正数として

$$\epsilon = 0.04$$

とした．

5.2 修正混合感度問題による設計

外乱抑圧特性に関する重み W_{PS} は単なるゲインとして

$$W_{PS} = g_{ps} \tag{5.5}$$

と与えることとした。W_{PS} をゲインに選んでも，制御対象 P は図 5.3 からわかるようにもともと低周波で大きなゲインを持つので，$\|W_{PS}PS\|_\infty$ のノルムを最小化することで，感度関数 S の低域のゲインを小さくすることができる。ゲイン g_{ps} は $\|G_{zw}\|_\infty < 1$ を満たす範囲でできるだけ大きな値を選ぶこととした。その結果，つぎの値を得た。

$$g_{ps} = 5 \times 10^{-3}$$

それでは，具体的に m-file を示していこう。まず，重み関数 W_{PS}（Wps），W_T（Wt），および ϵ（Weps）の定義はプログラム 5.2 のようになる。

■ プログラム 5.2　重みの定義 (defwgt.m)

```
1   %% defwgt.m
2   %% 重み関数の定義
3   %% Wps の定義
4   gps   = 5e-3;
5   Wps   = ss(gps);
6   %% Wt の定義
7   wtn   = 2*pi*800;
8   ztn   = 1;
9   wtd   = 2*pi*4500;
10  ztd   = 0.3;
11  gt    = 22;
12  numwt = [1 2*ztn*wtn wtn^2 ];
13  denwt = [1 2*ztd*wtd wtd^2 ];
14  Wt0   = ss(tf(numwt,denwt));
15  Wt    = Wt0*Wt0*gt;
16  %% ε の定義
17  Weps  = 0.04;
18  %% 周波数応答の計算
19  Wps_g = frd(Wps,w);
20  Wt_g  = frd(Wt,w);
21  %% 乗法的摂動の計算
22  Dm_g  = (Pfpert_g - Pn_g)/Pn_g;
23  %% 重み関数の周波数応答のプロット
24  figure(3)
25  bodemag(Wt_g,'-',Dm_g,':',Wps_g,'--')
26  legend('Wt','\Delta_m','Wps',2)
```

defplant.m によって制御対象のパラメータを定義した後に defwgt.m を実行すると, 図 5.7 を得る. この図から, W_T が Δ_m を覆っている様子が確認できる.

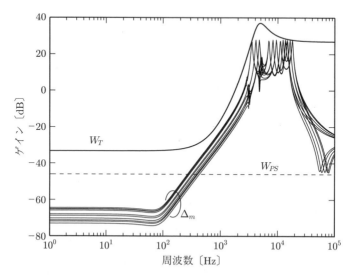

図 5.7 Δ_m, W_T および W_{PS} のゲイン線図 (設計 I)

修正混合感度問題の一般化プラントはプログラム 5.3 のようにして定義できる.

■ プログラム 5.3 一般化プラントの定義 (defgp.m)

```
1  %% defgp.m
2  %% 一般化プラントの構成 (修正混合感度問題)
3  systemnames  = 'Pn Wps Wt Weps';
4  inputvar     = '[w1; w2; u]';
5  outputvar    = '[Wps; Wt; Pn+Weps]';
6  input_to_Pn  = '[w1 - u]';
7  input_to_Wps = '[Pn + Weps]';
8  input_to_Wt  = '[ u ]';
9  input_to_Weps = '[ w2 ]';
10 G = sysic;
```

一般化プラントが G として定義されたので, あとは, hinfsyn を実行 5.2 のようにして実行すればよい.

5.2 修正混合感度問題による設計

■ 実行 5.2

```
[K,clp,gamma_min,hinf_info] = hinfsyn(G,1,1,'display','on');
Resetting value of Gamma min based on D_11, D_12, D_21 terms

Test bounds:      0.0002 <  gamma  <=      1.4411

   gamma    hamx_eig   xinf_eig   hamy_eig   yinf_eig   nrho_xy    p/f
   1.441    2.4e+03    4.8e-12    8.5e+03    0.0e+00    0.0205     p
   0.721    2.3e+03   -2.1e+00#   8.5e+03    0.0e+00    0.1799     f
   1.081    2.4e+03    4.8e-12    8.5e+03    0.0e+00    0.0571     p
   0.901    2.3e+03    4.8e-12    8.5e+03    0.0e+00    0.1989     p
   0.811    2.3e+03   -4.0e+01#   8.5e+03    0.0e+00    2.0811#    f
   0.856    2.3e+03    4.8e-12    8.5e+03    0.0e+00    0.4512     p
   0.833    2.3e+03    4.8e-12    8.5e+03    0.0e+00    1.1712#    f
   0.844    2.3e+03    4.8e-12    8.5e+03    0.0e+00    0.6530     p
   0.839    2.3e+03    4.8e-12    8.5e+03    0.0e+00    0.8391     p

Gamma value achieved:       0.8389
```

G_{zw} の H_∞ ノルムが 1 未満となる H_∞ 制御器が求まった．そのボード線図を図 5.8 に示す．

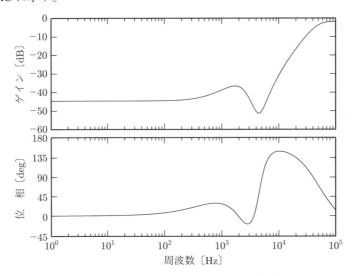

図 5.8 H_∞ 制御器のボード線図（設計 I）

感度関数および相補感度関数が，重み関数によってどのように周波数整形されるかを確認するため，**プログラム 5.4** に示す m-file を実行する．

5. ハードディスクドライブの H_∞ 制御

■ プログラム 5.4　閉ループ特性の確認 (chkperf.m)

```
1  %% chkperf.m
2  %% 閉ループ特性の確認
3  L = Pn*K;
4  T = feedback(L,1);   % T = L/(1+L)
5  S = feedback(1,L);   % S = 1/(1+L)
6  M = feedback(Pn,K);  % M = P/(1+L)
7  figure(5)
8  bodemag(T,'-',1/Wt,':',S,'--',1/(Wps*Pn),'-.',w);
9  legend('T','1/Wt','S','1/(Wps*P)',4);
10 ylim([-100 50])
```

以上から，図 5.9 が得られる．この図から，感度関数 S が重み $W_S = W_{PS} P$ の逆数で周波数整形されていることが確認できる．また，相補感度関数 T も重み W_T の逆数で周波数整形されている．この結果から，仕様を満たす H_∞ 制御器が設計されたといえる．なお，図 5.9 はつねに確認するのが肝要である．単に仕様が満たされているかどうかの確認だけでなく，H_∞ ノルムが 1 未満にならなかった場合には，その原因の究明や，重み関数の修正方針について有益な情報を与えてくれる．

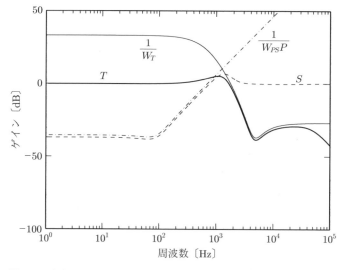

図 5.9　感度関数と相補感度関数および重み関数のゲイン線図（設計 I）

5.2 修正混合感度問題による設計

つぎに，ステップ目標値応答およびステップ外乱応答を確認するために，プログラム 5.5 に示す m-file を実行する。

■ プログラム 5.5　時間応答シミュレーション (chkresp.m)

```
1  %% chkresp.m
2  %% 時間応答の計算
3  L = Pfpert*K;
4  T = feedback(L,1);      % T = L/(1+L)
5  S = feedback(1,L);      % S = 1/(1+L)
6  M = feedback(Pfpert,K); % M = P/(1+L)
7  figure(6)
8  step(T,10e-3)           % ステップ目標値応答 (1track move)
9  ylabel('出力 [track]')
10 figure(7)
11 step(M*0.01,5e-3)       % ステップ外乱応答 (10mA 相当の外乱)
12 ylabel('出力 [track]')
```

プログラム 5.5 に示す m-file では，Pfpert に含まれる 10 通りの変動モデルに対してステップ目標値応答とステップ外乱応答を計算する。ステップ目標値応答は，1 トラックのステップ目標値に対する出力応答に対応し，ステップ外乱応答は，制御対象の入力端に 10 mA のステップ外乱が加わった場合の出力応答に対応する。結果を図 5.10 および図 5.11 に示す。

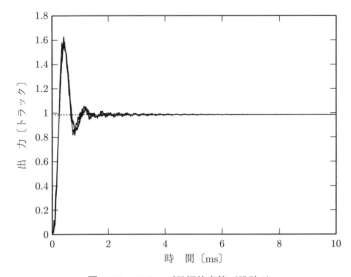

図 5.10　ステップ目標値応答（設計 I）

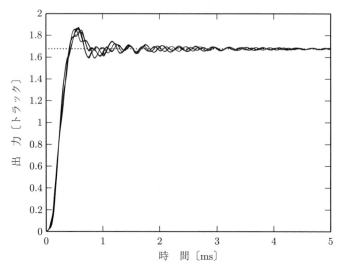

図 5.11　ステップ外乱応答（設計 I）

図 5.10 を見ると，2 ms 以内に目標値へ収束している．また，すべての応答が発散することなく，目標値へ収束していることから，ロバスト安定性が満たされていることがわかる．ただし，オーバーシュートが約 60% と大きい．4.4 節でも説明したように，H_∞ 制御では，過渡応答の改善は得意ではないが，後で説明するように，重み関数の修正によってある程度改善できる．

つぎに，図 5.11 のステップ外乱応答を見ると，すべての応答がほぼ同じ応答となっているが，定常値は 0 に向かわず，定常偏差を持つ．制御対象の入力端外乱を抑圧するには，制御器が（疑似）積分特性を持たなければならないが，図 5.8 からわかるように，制御器の低域のゲインは小さく積分特性を持たないため，このように定常偏差が生じてしまう．

5.2.2　設計 II（W_{PS} の変更）

図 5.11 に示した定常偏差を低減するために，W_{PS} をゲインではなく，伝達関数に選ぶことを考える．

入力端外乱から出力までの伝達関数は $P/(1+PK)$ なので，単位ステップ外

5.2 修正混合感度問題による設計

乱に対する出力応答 $y(t)$ の定常値 $y(\infty)$ は最終値の定理より

$$y(\infty) = \lim_{s \to 0} s \frac{P}{1+PK} \frac{1}{s} = M(0) = S(0)P(0)$$

となる。ただし

$$M = \frac{P}{1+PK}, \quad S = \frac{1}{1+PK}$$

である。したがって、定常偏差を 0 にするには角周波数 $\omega = 0$ における M のゲイン $|M(0)|$ を小さくする、あるいは、S のゲイン $|S(0)|$ を小さくする必要がある。

修正混合感度問題では

$$\parallel MW_{PS} \parallel_\infty < 1 \quad \Leftrightarrow \quad |M(j\omega)| < \frac{1}{|W_{PS}(j\omega)|}, \quad \forall \omega$$

を満たすように制御器が設計されるので、W_{PS} の低域のゲインを十分大きくすれば、M の低域のゲインが小さくなり、結果として、$|M(0)|$ も小さくなることから定常偏差が抑えられる。

なお、W_{PS} を積分器に選べば、$|W_{PS}(0)| = \infty$ より、$M(0) = 0$ とすることができる。しかし、重み関数に積分器を含む H_∞ 制御問題は標準 H_∞ 制御問題の仮定が満たされない。この問題を解くには、H_∞ 制御理論の拡張が必要となるため[5),6)]、本書では触れない。

では、設計 I で選んだ W_{PS} の低域のゲインを増加させて制御器を再設計してみる。まず、W_{PS} を式 (5.6) のように選ぶ。

$$W_{PS} = \frac{s + \omega_{psn}}{s + \omega_{psd}} g_{ps} \tag{5.6}$$

このとき、W_{PS} のゲインの折れ線近似は図 **5.12** のようになる。そして、g_{ps} を設計 I で選んだ値とし、ω_{psd} を十分小さな値で固定したうえで、ω_{psn} をできるだけ大きくした設計を行う。ω_{psn} を大きくすると、図に示すように W_{PS} の低域のゲイン特性は実線から点線に変化する。その結果、M の低域のゲインを広い範囲にわたって最小化できる。

$g_{ps} = 5 \times 10^{-3}$ (設計 I と同じ値)、$\omega_{psd} = 2\pi \times 0.01$ として、ω_{psn} を w から z までの H_∞ ノルムが 1 を超えない範囲でできるだけ大きくしたところ

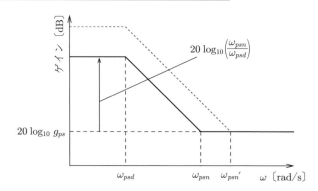

図 5.12 W_{PS} のゲイン特性（設計 I）

$$\omega_{psn} = 2\pi \times 250$$

を得た．このときの H_∞ ノルムは 0.9787 であった．なお，ω_{psn} をこれより大きな値に選ぶと，H_∞ ノルムが一気に増大することを確認した．得られた制御器のボード線図を図 5.13 に実線で示す．破線で示した設計 I の制御器と比べて，低域のゲインが大きく増加していることがわかる．

図 5.14 に感度関数のゲイン線図を示すが，図 5.9 と比べて，低域のゲインが

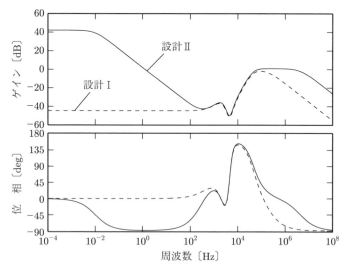

図 5.13 H_∞ 制御器のボード線図（実線：設計 II, 破線：設計 I）

5.2 修正混合感度問題による設計　103

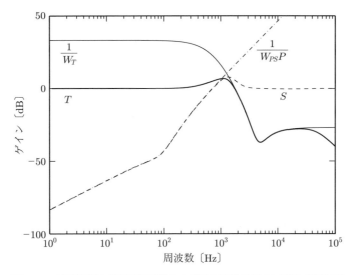

図 5.14　感度関数と相補感度関数および重み関数のゲイン線図（設計 II）

より小さくなるように，重み関数によって周波数整形されている様子が確認できる。ステップ外乱応答を求めると，図 5.15 に示すように，一度 0 トラックから離れた応答が，再び 0 トラック近傍へ戻ることが確認できた。このように，W_{PS}

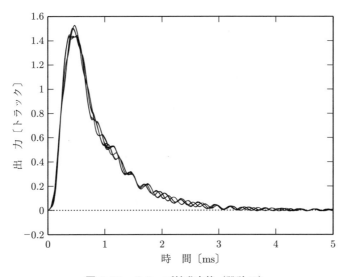

図 5.15　ステップ外乱応答（設計 II）

の低域のゲインを増加させることで,ステップ外乱応答の定常偏差を低減できた。

なお,ステップ目標値応答を図 **5.16** に示すが,オーバーシュートが80％と,さらに増加していることがわかる。

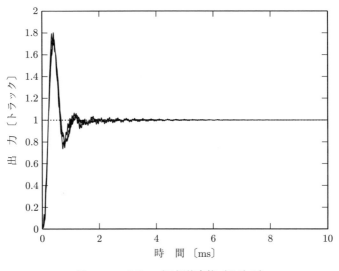

図 **5.16** ステップ目標値応答（設計 II）

5.2.3 設計 III（W_T の変更）

設計 II では,ステップ外乱応答の定常偏差は低減できたものの,ステップ目標値応答のオーバーシュートが80％と,さらに増大してしまった。H_∞ 制御は周波数領域の設計法なので,時間応答の改善は得意ではなく,2自由度制御を利用するのが正攻法である。しかしながら,重み関数の選択を工夫することで,オーバーシュートをある程度抑えることができる。本項では,その方法について具体的に説明する。

相補感度関数 $T = PK/(1 + PK)$ は,直結フィードバック系における目標値から出力までの伝達関数に一致するが,図 **5.17** に示すように,**共振ピーク** (resonant peak) M_p を持つことが多い。そして,M_p が大きいほど,オーバーシュートも大きくなる。例えば,T が2次遅れシステムと仮定して共振ピーク

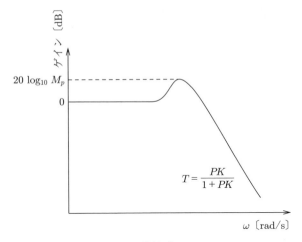

図 **5.17** 共振ピーク M_p

とオーバーシュートの関係をプロットすると図 **5.18** のようになる．したがって，例えば，オーバーシュートを 30% 以下に抑えたければ，共振ピークを約 1.5 以下に抑えればよいことが，図から読み取れる．つまり，時間応答の一つの指標であるオーバーシュートに対する条件を，周波数領域の指標である共振ピー

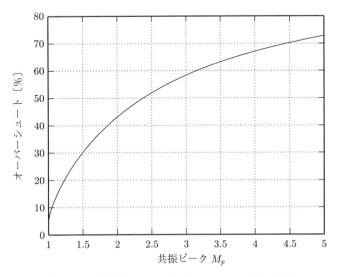

図 **5.18** 共振ピーク M_p とオーバーシュートの関係

クに対する条件へ置き換えることができる。共振ピークは T の H_∞ ノルムに一致するので，$\|T\|_\infty$ をある値以下になるように制御器を設計すれば，オーバーシュートが抑えられることになる。設計 II において $\|T\|_\infty$ を求めると 2.19 となった。そこで，以下では，$\|T\|_\infty$ をさらに低減した設計を考える。

図 **5.5** からわかるように，$\|W_T T\|_\infty < 1$ を満たすように制御器を設計すれば，T のゲインは $1/W_T$ のゲインで抑えられる。つまり

$$\|T\|_\infty < \left(\min_\omega |W_T(j\omega)|\right)^{-1} \tag{5.7}$$

が成り立つ。そこで，以下の設計では，$\|T\|_\infty$ が 2 より大きくならないように，W_T の定常ゲイン〔$W_T(0)$ に相当〕が 0.5（−6 dB）になるように式 (5.4) の ω_{tn} を決める。

式 (5.4) より

$$W_T(0) = \left(\frac{\omega_{tn}}{\omega_{td}}\right)^4 g_t$$

となる。これを ω_{tn} について解くと

$$\omega_{tn} = \omega_{td}\left[\frac{W_T(0)}{g_t}\right]^{1/4} \tag{5.8}$$

を得る。式 (5.8) の $W_T(0)$ に 0.5 を代入して ω_{tn} を求め，それ以外のパラメータについては設計 II と同じ値を用いて W_T を式 (5.4) から求めた。

この W_T と設計 II で用いた W_{PS} を用いて H_∞ 制御器を求めたところ，w から z までの H_∞ ノルムが 1.25 となってしまい，1 未満にならなかった。そこで，H_∞ ノルムが 1 未満になるように，W_{PS} のゲイン g_{ps} を設計 II で用いた値の 0.3 倍にした。その結果，H_∞ ノルムが 0.85 となる制御器が求まった。また，$\|T\|_\infty$ は

$$\|T\|_\infty = 1.47$$

となり，設計 II よりも小さくすることができた。このときの，相補感度関数と重み関数の逆数との関係を図 **5.19** に示すが，T のピーク値が大きくならないように，重み関数の逆数で抑えられている様子が確認できる。

5.2 修正混合感度問題による設計　107

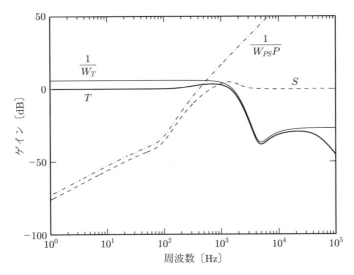

図 5.19 感度関数と相補感度関数および重み関数のゲイン線図（設計 III）

最後に，ステップ目標値応答を図 5.20 に示すが，図 5.16 に比べてオーバーシュートが 45%程度に抑えられていることが確認できる。ただし，図 5.21 の

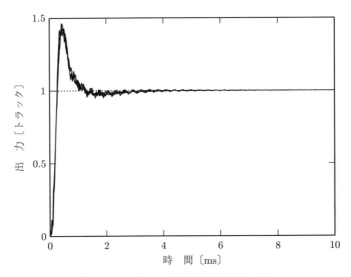

図 5.20 ステップ目標値応答（設計 III）

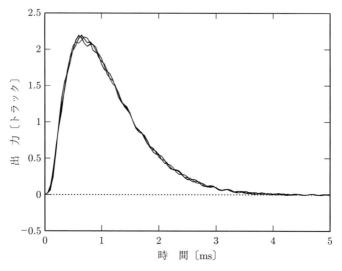

図 5.21 ステップ外乱応答（設計 III）

ステップ外乱応答を設計 II の結果（図 5.15）と比べると，定常値への収束が若干遅くなっている．このことは，w から z までの H_∞ ノルムを 1 未満にするために，W_{PS} のゲインを設計 II の 0.3 倍にしたことからも予想される結果であり，オーバーシュート低減と外乱抑圧特性の間にはトレードオフが存在することを示唆している．したがって，外乱抑圧特性を変えずに，目標値応答特性を改善したい場合は，2 自由度制御に頼るのがよい．

5.3 安定余裕を考慮した設計

5.3.1 はじめに

産業界では，制御系設計において，ゲイン余裕や位相余裕（両者を合わせて以下安定余裕と呼ぶことにする）に対する仕様が与えられることが多い．これらの指標は，単なる安定度に対する余裕を表しているだけでなく，オーバーシュートなどの制御性能とも関係し，例えば，サーボ系であれば位相余裕は $40°\sim60°$，ゲイン余裕は $10\sim20\,\mathrm{dB}$ になるように制御器が調整されることが多い．

しかし，これまで説明してきた混合感度問題や修正混合感度問題では，安定余裕に対する仕様を設計に直接取り込むことはできず，重み関数の形状を試行錯誤するなどして，結果的に安定余裕に対する仕様を満たすように設計することしかできない。そのため，H_∞ 制御系設計においても，安定余裕を考慮した設計法が提案され[13]，応用例もいくつか報告されている[14),15]。以下では，文献13) の方法について説明し，ハードディスクドライブのフォロイング制御に対する設計例を示す。

5.3.2 安定余裕と円条件

図 5.22 に示すように，確保したいゲイン余裕を g_m，位相余裕を ϕ_m としたとき，それらから決まる 3 点 A, B, C を通る円 C_r を考え，その円の外側を一巡伝達関数のベクトル軌跡 $L(j\omega)$ が通る条件を H_∞ ノルム条件で与えることができれば，ゲイン余裕および位相余裕に対する仕様を満たす設計ができる。

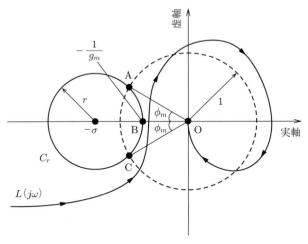

図 5.22 ゲイン余裕・位相余裕と円条件

まず，幾何学的に円 C_r の中心 $-\sigma$ および半径 r は式 (5.9)，(5.10) のように求まる[13]。

$$\sigma = \frac{g_m{}^2 - 1}{2 g_m (g_m \cos \phi_m - 1)} \tag{5.9}$$

$$r = \frac{(g_m - 1)^2 + 2\, g_m\, (1 - \cos \phi_m)}{2\, g_m\, (g_m \cos \phi_m - 1)} \tag{5.10}$$

ただし，$0 < \phi_m < \pi/2$ であり，かつ

$$\frac{1}{g_m} < \cos \phi_m \tag{5.11}$$

を満たさなければならない．つまり，安定余裕に対する仕様は任意に与えることはできず，式 (5.11) を満たす範囲で与える必要があることに注意する．例えば，位相余裕を 60° とすれば，ゲイン余裕は $g_m > 2$，つまり，6 dB より大きな値を仕様として与える必要がある．

以上のもと，指定したゲイン余裕と位相余裕で決まる円 C_r（以下，指定円と呼ぶ）の外側を一巡伝達関数のベクトル軌跡 $L(j\omega)$ が通るように制御器を設計することを考える．この条件は

$$r < |L(j\omega) + \sigma| \tag{5.12}$$

と記述できる．ただし

$$0 < r < \sigma \tag{5.13}$$

$$(\sigma - 1)^2 < r^2 \tag{5.14}$$

を仮定する．式 (5.13) は指定円 C_r が原点を含まないことを意味するが，通常，制御対象は厳密にプロパなので

$$\lim_{\omega \to \infty} L(j\omega) = \lim_{\omega \to \infty} P(j\omega) K(j\omega)$$
$$= 0$$

となることから，この条件は必要である．式 (5.14) は指定円 C_r が -1 を内部に含むことを意味し，これが成り立たないと，$L(j\omega)$ の軌跡は -1 にいくらでも接近できることになってしまい，安定余裕を確保するという趣旨に反することから，この条件も必要である．なお，これらの条件は，式 (5.11) を満たすよ

うに g_m と ϕ_m を与えることで満たされる。

以上の準備のもと，つぎの【補題 5.1】が知られる[13]。

【補題 5.1】一巡伝達関数 L を持つフィードバック制御系が内部安定のもと，式 (5.12) が成り立つための必要十分条件は

$$\| \alpha S + \beta T \|_\infty < 1 \tag{5.15}$$

が成り立つことである。ただし

$$S = \frac{1}{1+L}, \quad T = \frac{L}{1+L}$$

であり，また

$$\alpha = \frac{\sigma^2 - \sigma - r^2}{r}, \quad \beta = \frac{\sigma - 1}{r} \tag{5.16}$$

である。

したがって，H_∞ 制御器設計の際に，式 (5.15) の条件を付け加えることで，安定余裕に対する仕様を設計に取り入れることができる。例えば，修正混合感度問題の場合の H_∞ ノルム条件は

$$\left\| \begin{bmatrix} W_{PS} PS \\ W_T T \\ \alpha S + \beta T \end{bmatrix} \right\|_\infty < 1 \tag{5.17}$$

となる。この条件に対応する一般化プラントは図 **5.23**(a) に示すように，新たな制御量 z_3 を設け，w から z_3 までの伝達関数が $\alpha S + \beta T$ になるように構成すればよい。なお，通常の修正混合感度問題と同様に，図 (a) のままでは標準 H_∞ の仮定を満たさないので，図 (b) に示すように観測ノイズに相当する w_2 を導入した一般化プラントを使う必要がある。

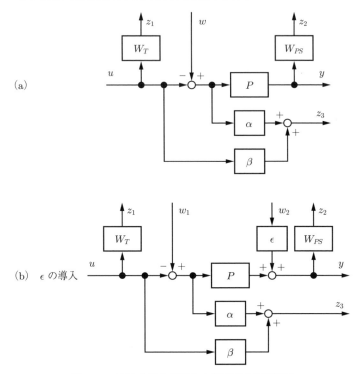

図 5.23 安定余裕を考慮した修正混合感度問題

5.3.3 設計 IV (設計例)

それでは，m-file を示しながら，安定余裕を考慮した設計を行う．そのために，設計 II の重み関数をもとに，必要な修正を加える．準備として，**プログラム 5.1** の defplant.m を実行しておく．

乗法的摂動に対する重み関数 W_T は設計 I および設計 II と同じものを用いる．W_{PS} については，式 (5.6) で与えるが，設計 II と同じパラメータを用いると w から z までの H_∞ ノルムが 1 未満とはならないため，それが 1 未満になるように g_{ps} と ω_{psn} を設計 II よりも小さな値に調整する．満たすべきゲイン余裕および位相余裕は式 (5.18)，(5.19) のように与えることとした．

$$g_m = 2\ (6\,\mathrm{dB}) \tag{5.18}$$

$$\phi_m = 45° \tag{5.19}$$

このとき，重み関数および指定円を定義する m-file は**プログラム 5.6** のようになる．

■ プログラム 5.6　重み関数と指定円パラメータの定義 (defwgt.m)

```
1   %% defwgt.m
2   %% 重み関数の定義
3   %% Wm の定義 (低域を持ち上げる)
4   gps   = 2e-3;
5   wpsn  = 2*pi*100;
6   wpsd  = 2*pi*0.01;
7   Wps   = ss(tf([1 wpsn],[1 wpsd])*gps);
8   %% Wt の定義
9   wtn   = 2*pi*800;
10  ztn   = 1;
11  wtd   = 2*pi*4500;
12  ztd   = 0.3;
13  gt    = 22;
14  numwt = [1 2*ztn*wtn wtn^2 ];
15  denwt = [1 2*ztd*wtd wtd^2 ];
16  Wt0   = ss(tf(numwt,denwt));
17  Wt    = Wt0*Wt0*gt;
18  %% ゲイン余裕&位相余裕を指定する方法
19  Pm    = 45*(pi/180); % 位相余裕
20  Gm    = 2;           % ゲイン余裕
21  Gmmin = 1/cos(Pm);
22  if Gm < Gmmin
23      error('Gm is small')
24  end
25  sgm = (Gm^2-1)/(2*Gm*(Gm*cos(Pm)-1));                    % σ
26  rrr = ((Gm-1)^2+2*Gm*(1-cos(Pm)))/(2*Gm*(Gm*cos(Pm)-1)); % r
27  Wa  = (sgm^2-sgm-rrr^2)/rrr; % α
28  Wb  = (sgm-1)/rrr;           % β
29  %% ε
30  Weps  = 0.04;
31  %% 周波数応答の計算
32  Wps_g = frd(Wps,w);
33  Wt_g  = frd(Wt,w);
34  %% 乗法的摂動の計算
35  Dm_g = (Pfpert_g - Pn_g)/Pn_g;
36  %% 重み関数の周波数応答のプロット
37  figure(3)
38  bodemag(Wt_g,'-',Dm_g,':',Wps_g,'--')
39  legend('Wt','\Delta_m','Wps',2)
```

プログラム 5.6 に示す m-file では,指定円の半径 r を rrr,中心 σ を sgm,そして,式 (5.15) の α および β を Wa, Wb で与えている。defwgt.m を実行して得られる乗法的摂動と重み関数のゲイン線図を図 5.24 に示す。

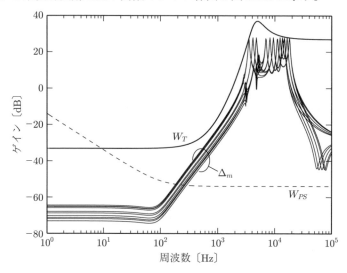

図 5.24 Δ_m, W_T および W_{PS} のゲイン線図(設計 IV)

図 5.23(b) の一般化プラントはプログラム 5.7 に示す m-file で定義できる。

■プログラム 5.7 一般化プラントの定義 (defgp.m)

```
 1  %% defgp.m
 2  %% 一般化プラントの構成(ゲイン余裕・位相余裕を考慮)
 3  systemnames   = 'Pn Wps Wt Weps Wa Wb';
 4  inputvar      = '[w1; w2; u]';
 5  outputvar     = '[Wps; Wt; Wa+Wb; Pn+Weps]';
 6  input_to_Pn   = '[w1 - u]';
 7  input_to_Wps  = '[Pn + Weps]';
 8  input_to_Wt   = '[ u ]';
 9  input_to_Wa   = '[w1 - u]';
10  input_to_Wb   = '[ u ]';
11  input_to_Weps = '[ w2 ]';
12  G = sysic;
```

プログラム 5.3 で定義した通常の修正混合感度問題の一般化プラントと異なる点は,下記の 3 ヶ所となる。

- systemnames で Wa と Wb を定義。

5.3 安定余裕を考慮した設計

- outputvar で z_3 に相当する Wa+Wb を定義。
- input_to_Wa と input_to_Wb を定義。

以上の準備のもと hinfsyn を実行して H_∞ 制御器を求めたところ, w から z までの H_∞ ノルムが 0.99 となり, 図 **5.25** に実線で示す制御器が得られた。

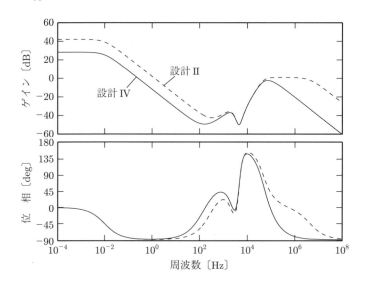

図 **5.25** H_∞ 制御器のボード線図(実線:設計 IV, 破線:設計 II)

なお, 比較のため, 設計 II の制御器の特性を破線で示すが, H_∞ 制御器のゲインが全体的に小さくなっていることがわかる。つまり, 安定余裕を指定した手法では, 外乱抑圧特性などの制御性能が低下している可能性がある。その原因の一つに, 式 (5.17) が持つ保守性がある。本来は, 三つのノルム条件

$$\| W_{PS} PS \|_\infty < 1, \quad \| W_T T \|_\infty < 1, \quad \| \alpha S + \beta T \|_\infty < 1 \quad (5.20)$$

を同時に満たす H_∞ 制御器を求めたいが, それができないために, その十分条件である式 (5.17) を用いて設計を行っている。ノルム条件の数が増えるに従って, 式 (5.20) と式 (5.17) のギャップが増えることから, 得られる結果はより保守的なものとなる。

一巡伝達関数を MATLAB の margin を使って求めたのが図 **5.26** になる。

5. ハードディスクドライブの H_∞ 制御

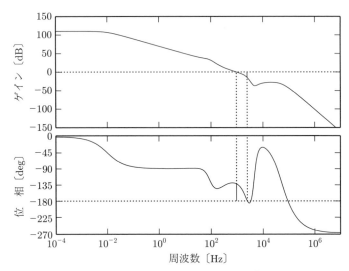

$G_m = 14.7$ dB at 2 460 Hz, $P_m = 47.7°$ at 950 Hz

図 5.26 一巡伝達関数

この図から，ゲイン余裕が 14.7 dB，位相余裕が 47.7° となる制御器が得られたことがわかり，設計仕様を満たしている．なお，先ほど述べた式 (5.17) が持つ保守性から，仕様として与えた値よりも，より大きな安定余裕が確保されている．実際の設計では，図 5.26 によって得られるゲイン余裕および位相余裕が仕様を満たせばよいので，設計時に与えるそれらの値を仕様よりも小さく選ぶことで設計の保守性を減らす，といった対処をしてもよい．一方，図 5.27 に感度関数と相補感度関数およびそれらに対する重み関数の逆数のゲイン線図を示すが，どちらの閉ループ伝達関数も重み関数の逆数で抑えられていることが確認できる．つまり，修正混合感度問題の仕様を満たしつつ，安定余裕に対する仕様を満たす制御器を設計できたことがわかる．

最後にステップ目標値応答とステップ外乱応答を確認する．図 5.28 のステップ目標値応答を見ると，設計 II の結果（図 5.16）に比べてオーバーシュートが 40% 以下と大幅に抑えられている．位相余裕が小さいとオーバーシュートが大きくなることはよく知られており，実際，設計 II の位相余裕を求めると 26.2°

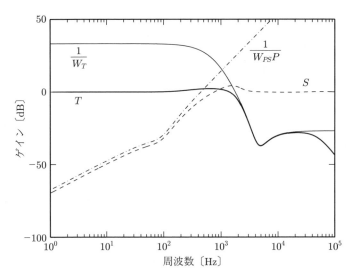

図 5.27　感度関数と相補感度関数および重み関数のゲイン線図

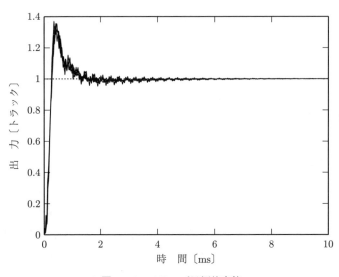

図 5.28　ステップ目標値応答

と設計 IV に比べてかなり小さい．このことから，位相余裕を確保することによって，オーバーシュートも低減できたことが確認できた．ステップ外乱応答については，図 5.29 に示すように，設計 II の結果（図 5.15）に比べて収束が

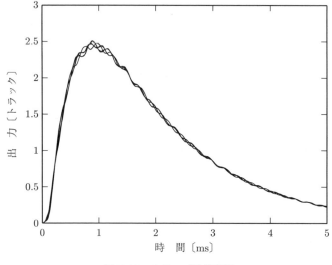

図 5.29　ステップ外乱応答

遅くなっていることがわかる．この結果は，w から z までの H_∞ ノルムを 1 未満にするために，g_{ps} と ω_{psn} を設計 II に比べて小さな値に選び，W_{PS} のゲインを全体的に小さくしたことと関係がある．

5.4 制御器の実装

5.4.1 最適解と準最適解

H_∞ 制御では，w から z までの閉ループ伝達関数 G_{zw} の H_∞ ノルムが 1 未満になるように制御器 K を求めるが，$\| G_{zw} \|_\infty$ が最小となるときの制御器（これを，最適解と呼ぶ）を使うべきかどうか，については検討の余地がある．

例えば，設計 III では，$\| G_{zw} \|_\infty$ の最小値は 0.85 となった．しかし，問題設定から $\| G_{zw} \|_\infty < 1$ さえ満たしていればよいので，最適解を使う必要はなく，H_∞ ノルムが 1 未満になる制御器であれば，どの制御器を使ってもよい．そこで，最適解に加えて，式 (2.9) の γ を 1 として解き直した制御器（これを，準最適解と呼ぶ）も求め，両者を比較する．

まず，設計 III の一般化プラントを定義した後に，実行 5.3 のようにして，二つの制御器 Kopt と Ksub を求める．

■ 実行 5.3

```
Kopt = hinfsyn(G,1,1,'display','on');
Ksub = hinfsyn(G,1,1,'display','on','gmax',1,'gmin',1);
bode(Kopt,':',Ksub,'-',w)
legend('Kopt','Ksub',3)
```

1 行目は γ イタレーションにより γ を最小とする最適解 Kopt が求まる．2 行目は，γ の最大値（gmax オプション）と最小値（gmin オプション）をともに 1 に設定することで，$\gamma = 1$ としたときの準最適解 Ksub が求まる．得られた最適解（Kopt）と準最適解（Ksub）のボード線図を図 5.30 に示すが，準最適解のほうが高周波域のゲインが下がっていることがわかる．制御器の高周波のゲインは，観測ノイズやモデル化誤差に対するロバスト性の観点から，小さいほうが望ましい．したがって，最適解ではなく，最小の γ よりも少し大きな γ で解き直した準最適解を用いることを検討してもよい．

なお，γ の最小値が 1 を大きく下回る場合は，重み関数の再調整が必要である．

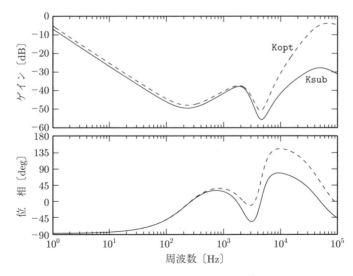

図 5.30　Kopt と Ksub のボード線図

5.4.2 制御器の離散化

H_∞ 制御器の次数は一般化プラントの次数，つまり，制御対象の次数と重み関数の次数の和となり，一般に高次となる．したがって，アナログ回路による実現は現実的ではなく，通常は，制御器を離散化し，DSP (digital signal processor) などを用いてディジタル制御器として実装する場合がほとんどである．

離散化の方法には，0次ホールド離散化，後退差分近似，前進差分近似，双1次変換，整合 z 変換など，多くの方法がある．その中でも，積分を台形公式で近似する**台形積分法**（trapezoidal integration method）に基づく**双1次変換**（bilinear transformation）は，離散化前後で H_∞ ノルムが保存され，周波数特性もよく一致することから H_∞ 制御器の離散化によく用いられる．

離散時間信号 $u[k]$ を台形積分した出力を $y[k]$ とすると，$u[k]$ と $y[k]$ の関係は式 (5.21) となる．

$$y[k+1] = u[k] + \frac{T_s}{2}(u[k] + u[k+1]) \tag{5.21}$$

$u[k]$ と $y[k]$ の z 変換をそれぞれ $U[z]$ および $Y[z]$ と定義し，式 (5.21) の両辺を z 変換すると式 (5.22) を得る．

$$\frac{Y[z]}{U[z]} = \frac{T_s}{2}\left(\frac{z+1}{z-1}\right) \tag{5.22}$$

式 (5.22) の右辺が積分器 $1/s$ に等しいとした変換が双1次変換であり，この等式を s について解くと

$$s = \frac{2}{T_s}\left(\frac{z-1}{z+1}\right) \tag{5.23}$$

を得る．以上から，双1次変換により連続時間制御器 $K_c(s)$ は式 (5.24) のようにして離散時間制御器 $K_d[z]$ へ変換される．

$$K_d[z] = [K_c(s)]_{s=2(z-1)/[T_s(z+1)]} \tag{5.24}$$

この変換は，s 平面上の複素左半平面を z 平面上の原点を中心とする単位円に移す変換になっていることから，$K_c(s)$ が安定であれば $K_d[z]$ も安定になり，その逆も成り立つ．

5.4 制御器の実装

以下,状態空間上の変換公式を示す.まず,連続時間 H_∞ 制御器の状態空間実現を式 (5.25), (5.26) で定義する.

$$\dot{x}_c(t) = A_c x_c(t) + B_c u(t) \tag{5.25}$$
$$y(t) = C_c x_c(t) + D_c u(t) \tag{5.26}$$

このとき,式 (5.25), (5.26) を双 1 次変換で離散化した後の状態空間実現は式 (5.27), (5.28) となる[16](導出は演習問題【3】).

$$x_d[k+1] = A_d x_d[k] + B_d u[k] \tag{5.27}$$
$$y[k] = C_d x_d[k] + D_d u[k] \tag{5.28}$$

ただし

$$A_d = \left(I + A_c \frac{T_s}{2}\right)\left(I - A_c \frac{T_s}{2}\right)^{-1}$$
$$B_d = \left(I - A_c \frac{T_s}{2}\right)^{-1} B_c \sqrt{T_s}$$
$$C_d = \sqrt{T_s} C_c \left(I - A_c \frac{T_s}{2}\right)^{-1}$$
$$D_d = D_c + C_c \left(I - A_c \frac{T_s}{2}\right)^{-1} B_c \frac{T_s}{2}$$

である.

この公式からわかるように,離散化される前の制御器が厳密にプロパ,つまり $D_c = 0$ であっても,双 1 次変換で離散化された制御器は必ずしも厳密にプロパにはならない,つまり,$D_d \neq 0$ となることに注意する.

MATLAB では c2d を使えば簡単に双 1 次変換で離散化でき,設計 III の準最適解 Ksub を離散化する場合の例を**実行 5.4** に示す.

■ 実行 5.4

```
Ts = PlantData.Ts;        % Ts = 37.879us
Kd = c2d(Ksub,Ts,'tustin'); % 離散化
bodemag(Ksub,'--',Kd)
legend('Ksub','Kd')
```

1 行目で,HDD ベンチマーク問題で定義される変数 PlantData から,サン

プリング周期を取り出している。2行目でc2dにより離散化を行っており、その際双1次変換のオプションtustinを指定している。

KsubとKdのゲイン線図を図5.31に示すが、低周波域〜中間周波数にかけて両者はよく一致している。ゲイン線図の縦の点線はナイキスト周波数を表しており、ナイキスト周波数に近づくと、両者の間に誤差が生じることがわかる。この誤差は、連続時間域における0から∞までの周波数が、0から有限のナイキスト周波数へ圧縮されることによる周波数軸の歪みに起因するものであり、ナイキスト周波数に近くなるほどその歪みは大きくなる。したがって、制御器がナイキスト周波数に近いところに共振特性やノッチ特性を持つと、この歪みによって、変換後の共振周波数やノッチ周波数がずれる。

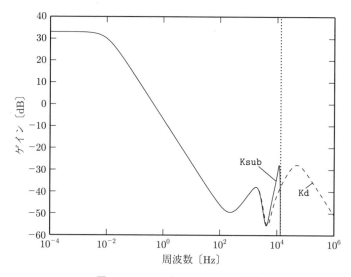

図 5.31 KsubとKdのゲイン線図

このずれが問題になる場合には、実行5.5のようにプリワープ（prewarp）を行うとよい[16)]。

■ 実行 5.5

```
Kd = c2d(Kc,Ts,'prewarp',wc)
```

実行5.5によって、離散化前後の周波数が角周波数wcにおいて一致するよ

うに，周波数軸をスケーリングしてから双 1 次変換が行われる．

　連続時間制御器を離散化して実装する方法は，サンプリング周波数が制御帯域に比べて十分高ければ，たいていの場合うまくいく．例えば，文献16) では，サンプリング周波数を制御帯域の 20〜35 倍に選ぶとよいとの記述がある．

　サンプリング周波数を制御帯域に比べて十分高くできない場合には，安定性や制御性能が著しく損なわれないかどうかについて，シミュレーションなどで十分検証しておく必要がある．同時に，離散時間 H_∞ 制御の適用も視野に入れたい．離散時間 H_∞ 制御では，問題が可解であれば，サンプリング周波数にかかわらず，制御系の内部安定性が保証される．離散時間 H_∞ 制御では，一般化プラントを離散時間系で与えなければならないので，制御対象は 0 次ホールドにより離散化し，重み関数については，双 1 次変換または整合 z 変換により離散化してから，一般化プラントを構成する．離散時間の一般化プラントを hinfsyn に与えれば，離散時間制御器が直接求まる．

　なお，離散時間 H_∞ 制御では，制御対象を離散化した時点でサンプル点間の情報が失われるため，サンプル点上の性能が良好であっても，サンプル点間応答にリップル (ripple) と呼ばれる振動的な応答が現れることがある．この問題を解決するために，近年，**サンプル値 H_∞ 制御理論** (sampled-data H_∞ control theory) が提案され，理論的な整備も進んだ [17],[18]．サンプル値 H_∞ 制御理論では，連続時間制御対象を内部安定化する離散時間制御器を直接設計でき，その際，連続時間の外部入力や連続時間の制御量が考慮できる．また，ハードディスクドライブへの適用例や，HDD ベンチマーク問題に対する設計例も報告されている [19],[20]．RCT にも，サンプル値 H_∞ 制御器を求めるための関数 sdhfsyn が用意されているが，一般化プラントの直達項 D_{11}, D_{12}, D_{21}, D_{22} がすべて 0 という厳しい仮定がおかれているため，適用範囲が限られる点に注意したい．

5.4.3　制御器実装と演算量の低減

　離散時間制御器 $K_d[z]$ が得られたら，それを実現するプログラムを書き，マイ

クロコンピュータ（以下，マイコン）などに実装することになる．MATLAB/Simulink などの制御系設計支援ツールと，それに対応した MicroAutoBox (dSPACE 社）などのラピッドプロトタイピング装置を使えば，制御系設計から制御器のリアルタイム実装まで，一気通貫に行うことができる．しかしながら，そのようなツールはすべてのマイコンに対応しているわけではなく，特に計算資源が限られたマイコンへ実装する場合は，自分でプログラムを書かなければならないことが多い．また，ラピッドプロトタイピング装置を使う場合でも，制御器の実装方法の知識は，トラブルシュートの場面などで役立つ．

離散時間制御器 $K_d[z]$ は**ディジタルフィルタ**（digital filter）であり，ディジタルフィルタの実装方法が使える[21]．以下では，具体例を通して，ディジタルフィルタの実装方法を説明する．

まず，離散時間制御器がつぎに示す 2 次の伝達関数で与えられたときの実装方法について説明する．

$$K_d[z] = \frac{b_0 z^2 + b_1 z + b_2}{z^2 + a_1 z + a_2}$$

$$= \frac{b_0 + b_1 z^{-1} + b_2 z^{-2}}{1 + a_1 z^{-1} + a_2 z^{-2}}$$

$K_d[z]$ への入力および出力を $e[k]$, $y[k]$ で定義し，それらの z 変換を $e[z]$, $y[z]$ で定義すると

$$y[z] = \frac{b_0 + b_1 z^{-1} + b_2 z^{-2}}{1 + a_1 z^{-1} + a_2 z^{-2}} e[z]$$

より，次式を得る．

$$y[z] + a_1 z^{-1} y[z] + a_2 z^{-2} y[z] = b_0 e[z] + b_1 z^{-1} e[z] + b_2 z^{-2} e[z]$$

ここで，z^{-n} が n ステップの遅れを表すことに注意して両辺を逆 z 変換し，$y[k]$ について整理すると，式 (5.29) を得る．

$$y[k] = b_0 e[k] + b_1 e[k-1] + b_2 e[k-2] - a_1 y[k-1] - a_2 y[k-2] \tag{5.29}$$

5.4 制御器の実装

以上から，つぎのステップ 1～5 に従って動作するプログラムを作成すれば，$K_d[z]$ をマイコン実装できる。

ステップ 1　A–D 変換などにより $e[k]$ を得る。
ステップ 2　式 (5.29) から $y[k]$ を計算。
ステップ 3　D–A 変換などで $y[k]$ を直ちに出力。
ステップ 4　$k \leftarrow k+1$ とし，つぎのサンプリング時間が来るまで待つ。
ステップ 5　ステップ 1 に戻る。

この手順において，$e[k]$ と $y[k]$ は同時刻なので，$e[k]$ を A–D 変換によって得てから（**ステップ 1**），$y[k]$ を D–A 変換で出力（**ステップ 3**）するまでの時間はできるだけ短いほうがよい。そのためには，式 (5.29) 右辺の

$$b_1 e[k-1] + b_2 e[k-2] - a_1 y[k-1] - a_2 y[k-2]$$

を**ステップ 4** の待ち時間にあらかじめ計算しておく，といった工夫が必要となる。

上記では伝達関数が 2 次の場合について説明したが，3 次以上の伝達関数でも同様に実装できる。しかし，伝達関数が高次になると，演算誤差の影響を受けやすくなるため注意が必要である。このような場合，高次伝達関数をより低次の伝達関数の和に分解してから実装する，といった方法がとられることがある。

さて，式 (5.29) をブロック線図で表現すると**図 5.32** のようになる。図は式 (5.29) に直接対応していることから**直接型 I**（direct form I）と呼ばれる[21]。

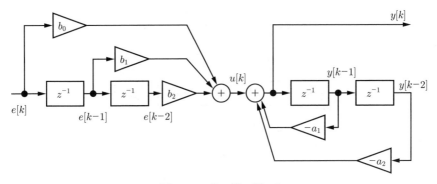

図 **5.32**　直　接　型　I

図において，z^{-1} は**単位遅延要素**（unit delay），b_0 などの係数ブロックは**係数乗算器**（multiplier），⊕ で表される加算点は**加算器**（adder）と呼ばれ，これらの数が少ないほうがマイコン実装時の演算量やメモリが減らせる．

図 **5.32** の実現は，$e[k]$ から $u[k]$ までのフィルタと，$u[k]$ から $y[k]$ までの二つのフィルタが直列に接続された形となっている．各フィルタは離散時間 LTI システムなので，順序を入れ替えても $e[k]$ から $y[k]$ までの入出力特性は変わらない．そこで，図 **5.33** に示すように順序を入れ替える．すると，破線で囲んだ部分において，上側の遅延要素と下側の遅延要素は，ともに同じ信号を入力にしているので，それらを図 **5.34** のように一つにまとめることができる．図は**直**

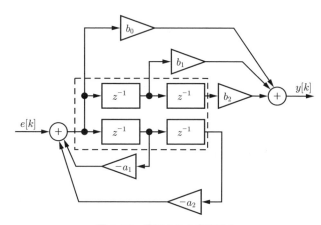

図 **5.33** 変形された直接型 I

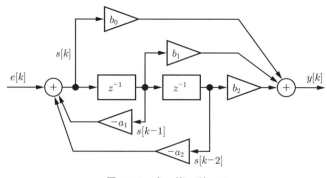

図 **5.34** 直 接 型 II

接型 II (direct form II) と呼ばれ [21]，遅延要素の数がフィルタの次数（この例では 2）に一致している．このように，フィルタの次数と必要とされる遅延要素の数が一致する実現を**標準形**（canonic form）と呼ぶ．

離散時間制御器 $K_d[z]$ が状態空間実現

$$x[k+1] = A_d\, x[k] + B_d\, e[k] \tag{5.30}$$
$$y[k] \;\;\; = C_d\, x[k] + D_d\, e[k] \tag{5.31}$$

で与えられており，それをそのまま実装する場合について説明する．A–D 変換などで $e[k]$ を得てから D–A 変換により $y[k]$ を出力するために必要な式は式 (5.31) の出力方程式であり，式 (5.30) の状態方程式は計算する必要はない．したがって，式 (5.30) はつぎのサンプリング時間が来るまでの待ち時間に計算するのがよい．具体的には，つぎの**ステップ 1～6** に従って動作するプログラムを書くことになる．

ステップ 1 A–D 変換などにより $e[k]$ を得る．

ステップ 2 式 (5.31) から $y[k]$ を計算．このとき，$Cx[k]$ については，1 ステップ前にあらかじめ計算しておく．

ステップ 3 D–A 変換などにより $y[k]$ を直ちに出力．

ステップ 4 式 (5.30) の状態方程式を計算．さらに，つぎのステップで必要となる $Cx[k+1]$ もあらかじめ計算しておく．

ステップ 5 $k \leftarrow k+1$ とし，つぎのサンプリング時間が来るまで待つ．

ステップ 6 ステップ 1 に戻る．

1 入出力かつ 2 次の状態空間実現

$$\begin{bmatrix} x_1[k+1] \\ x_2[k+1] \end{bmatrix} = \begin{bmatrix} a_{11} & a_{12} \\ a_{21} & a_{22} \end{bmatrix} \begin{bmatrix} x_1[k] \\ x_2[k] \end{bmatrix} + \begin{bmatrix} b_1 \\ b_2 \end{bmatrix} e[k]$$

$$y[k] \;\;\; = \begin{bmatrix} c_1 & c_2 \end{bmatrix} \begin{bmatrix} x_1[k] \\ x_2[k] \end{bmatrix} + d\, e[k]$$

をブロック線図で表現すると**図 5.35** となる．遅延要素の数が次数と等しい標

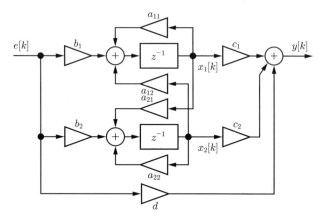

図 5.35 状 態 空 間 型

準形ではあるが，図 5.34 の直接型 II に比べて係数乗算器の数が多い。

そこで，計算量を少しでも減らしたい場合は，つぎのような工夫が考えられる。

- 状態空間実現に対する相似変換により，b_1, b_2 を 1 にする。具体的には相似変換行列を $T = \mathrm{diag}\,[b_1, b_2]$ と選び，式 (5.32) のように相似変換を行う。

$$A \Leftarrow T^{-1}AT, \quad B \Leftarrow T^{-1}B, \quad C \Leftarrow CT \tag{5.32}$$

- 行列 A の固有値が実数の場合は，A を対角変換する。その結果，a_{12} および a_{21} が 0 となるため，係数乗算器の数が減る。A を対角変換するには，相似変換行列 T の各列を A の固有ベクトルに選び，式 (5.32) によって相似変換すればよい。

- A を N 行 N 列としたとき，N が大きくなると $Ax[k]$ の積和演算が N^2 のオーダで増加する。この場合も，A を対角変換すれば，演算量の増加は N のオーダに抑えられる。ただし，A が複素固有値を持つ場合は，A は対角行列ではなく

$$A = \mathrm{block\ diag}\,[A_1, A_2, \cdots, A_m]$$

のようにブロック対角行列へ変換する。ここで，A_i はスカラまたは 2 行

2列の実数行列となる。なお，このように，A がブロック対角行列になるようにシステムを変換するには canon を使うとよい。

********** 演　習　問　題 **********

【1】 重み関数 W のゲインの折れ線近似が図 **5.36** になるように W の伝達関数を決めよ。

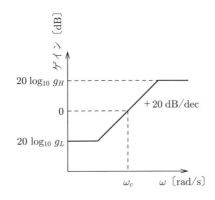

図 **5.36** W の折れ線近似

【2】 制御対象を P，制御器を K とし，これらで構成される直結フィードバック制御系を考える。ただし，P および K は1入出力系とし，$S = 1/(1+PK)$，$T = PK/(1+PK)$ とする。また，閉ループ系のゲイン余裕を g_m，位相余裕を ϕ_m とする。このとき，つぎの各問いに答えよ。

(1) 恒等式 $S + T = 1$ のもとで，S および T のゲインを同じ周波数で同時に1以上にできることを説明せよ。

(2) 感度関数 S の H_∞ ノルムと g_m，ϕ_m の間に次式が成り立つことを示せ。
$$g_m \geq \frac{1}{1 - 1/\|S\|_\infty}, \quad \phi_m \geq 2\arcsin\left(\frac{1}{2\|S\|_\infty}\right)$$

(3) 相補感度関数 T の H_∞ ノルムと g_m，ϕ_m の間に次式が成り立つことを示せ。
$$g_m \geq 1 + \frac{1}{\|T\|_\infty}, \quad \phi_m \geq 2\arcsin\left(\frac{1}{2\|T\|_\infty}\right)$$

【3】 双1次変換後の状態空間実現が式 (5.27)，(5.28) となることを示せ。

【4】 得られた H_∞ 制御器が次式に示すように異なる二つの周波数 ω_1 および ω_2 にピーク特性を持つとする。ただし，$0 < \zeta_1 \ll 1$, $0 < \zeta_2 \ll 1$ とする。

$$K = \underbrace{\frac{k_1}{s^2 + 2\zeta_1\omega_1 s + \omega_1{}^2}}_{K_1} + \underbrace{\frac{k_2}{s^2 + 2\zeta_2\omega_2 s + \omega_2{}^2}}_{K_2}$$

このとき，これら二つのピーク周波数が変わらないように，双 1 次変換により離散化を行いたい。どのようにプリワープ処理を行えばよいか考えよ。

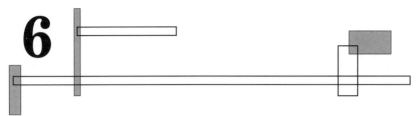

μ 設 計 法

　乗法的摂動や加法的摂動など H_∞ 制御で扱うことのできる摂動は，一般に非構造的摂動と呼ばれ，摂動の構造を考慮することができない．また，安定性だけでなく，制御性能に対してロバスト性を保証する設計問題も H_∞ 制御では取り扱うことが難しい．一方，特異値のかわりに構造化特異値 μ を用いた μ 設計法は，摂動の構造を考慮したり，ロバスト性能を保証した設計などが可能である．本章では，μ 設計法についてひととおり説明した後，RCT を使った μ 制御器の設計方法について，3 慣性系ベンチマーク問題の制御対象を使って具体的に説明する．

6.1 構造化特異値 μ

　本節では，構造的摂動を持つシステムの制御系設計問題を取り扱うために**構造化特異値** μ (structured singular value μ) を導入する[4),22)]．まず，摂動の構造を表す複素ブロック対角行列の集合 $\mathbf{\Delta}$ を式 (6.1) のように定義する．

$$\mathbf{\Delta} = \{\mathrm{diag}[\delta_1 I_{r_1}, \cdots, \delta_S I_{r_S}, \Delta_1, \cdots, \Delta_F] : \delta_i \in \mathcal{C},\ \Delta_j \in \mathcal{C}^{m_j \times m_j}\} \tag{6.1}$$

最初の S 個の δ_i は**重複スカラブロック** (repeated scalar block)，残りの F 個の Δ_i は**フルブロック** (full block) と呼ばれる．ただし，I_{r_i} はサイズが r_i 行 r_i 列の単位行列を表し，ブロックのサイズが 1, すなわち，$r_i = 1$ もしくは

$m_j = 1$ ならば，重複スカラブロックとフルブロックの区別はなくなる．

ここで，$\boldsymbol{\Delta}$ のサイズを n とすると

$$\sum_{i=1}^{S} r_i + \sum_{j=1}^{F} m_j = n \tag{6.2}$$

が成り立つ．また，$\Delta \in \boldsymbol{\Delta}$ の最大特異値が1以下のサブクラスを

$$B\boldsymbol{\Delta} := \{\Delta \in \boldsymbol{\Delta} : \overline{\sigma}(\Delta) \leqq 1\} \tag{6.3}$$

で定義しておく．

摂動ブロックの要素として，ここで仮定した複素数の摂動に加え，実数の摂動を仮定することもできる．例えば，力学系における質量やバネ定数の摂動はすべて実数であり，このような摂動は，直接実数の摂動として取り扱うほうが自然である．実数摂動は複素摂動のサブクラスなので，複素摂動として取り扱うこともできるが，複素平面上の直線上の摂動をそれを囲む円全体の摂動と見なすため，見掛け上大きな摂動となり，保守的な結果を生みやすくなるからである．しかしながら，実数の摂動を考慮した μ 設計は，理論的に難しく，本書の範囲を超える．ただし，RCT では，R2009a から，実数の摂動がある場合の μ 設計が行えるようになった[23]．そこで，設計例についてのみ 6.6.6 項で説明する．

以上のもとで，構造化特異値 μ は以下のように定義される（**定義 6.1**）．

【定義 6.1】 ブロック構造 $\boldsymbol{\Delta}$ に対し，複素行列 $M \in \mathcal{C}^{n \times n}$ の構造化特異値 $\mu_{\boldsymbol{\Delta}}(M)$ を式 (6.4) で定義する．

$$\mu_{\boldsymbol{\Delta}}(M) := \frac{1}{\min\{\overline{\sigma}(\Delta) : \Delta \in \boldsymbol{\Delta}, \det(I - M\Delta) = 0\}} \tag{6.4}$$

ただし，$\det(I - M\Delta) = 0$ となる $\Delta \in \boldsymbol{\Delta}$ が存在しない場合は $\mu_{\boldsymbol{\Delta}}(M) := 0$ とする．

構造化特異値を直感的に説明するため，複素行列 M および Δ で構成される図 **6.1** の閉ループ系を考える．

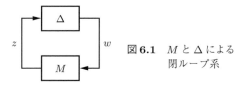

図6.1 M と Δ による閉ループ系

以下に示す式 (6.5) より，$(I - M\Delta)$ が正則であれば，$w = z = 0$ が唯一解となるが，そうでなければ $\|w\|$ や $\|z\|$ はいくらでも大きくできる。そこで，便宜上 0 を唯一解として持つ場合を "安定"，そうでない場合を "不安定" と呼ぶことにする。すると，$\mu_{\boldsymbol{\Delta}}(M)$ は図 6.1 の閉ループ系を不安定とする最小の構造的摂動 Δ の大きさを表していることがわかる。

$$z = Mw, \quad w = \Delta z \tag{6.5}$$

一般に，μ の値を直接求めることは困難なため，その上限値もしくは下限値から計算する。μ の上限値，下限値に関して

$$\rho(M) \leq \mu_{\boldsymbol{\Delta}}(M) \leq \overline{\sigma}(M) \tag{6.6}$$

が成り立つことは容易に確かめることができるが，Δ の構造がまったく反映されておらず，式 (6.6) で与えられる上限値と下限値とのギャップは非常に大きなものとなる。そのため，スケーリング行列の集合

$$\boldsymbol{Q} := \{Q \in \boldsymbol{\Delta} : Q^*Q = I\} \tag{6.7}$$

$$\boldsymbol{D} := \{\mathrm{diag}[D_1, \cdots, D_S, d_1 I_{m_1}, \cdots, d_{F-1} I_{m_{F-1}}, I_{m_F}] :$$
$$D_i \in \mathcal{C}^{r_i \times r_i}, \quad D_i = D_i^*, \quad d_j \in \mathcal{R}, \quad d_j > 0\} \tag{6.8}$$

に対し，$\Delta \in \boldsymbol{\Delta}, Q \in \boldsymbol{Q}, D \in \boldsymbol{D}$ を用いたつぎの式 (6.9) に示す上下限値がよく用いられる。

$$\max_{Q \in \boldsymbol{Q}} \rho(QM) \leq \mu_{\boldsymbol{\Delta}}(M) \leq \inf_{D \in \boldsymbol{D}} \overline{\sigma}(DMD^{-1}) \tag{6.9}$$

式 (6.9) において，下限値の等号はつねに成立するが，$\rho(QM)$ は一般に大域的な極大値を持たない。一方，上限値 $\overline{\sigma}(DMD^{-1})$ は大域的な最小値の存在が

保証されているが，μ の真値と必ずしも一致しない．しかし，よい近似となることが経験的に知られており，特にブロック数に関して

$$2S + F \leqq 3 \tag{6.10}$$

が満たされれば，μ の真値に等しくなることが示されている．6.5 節で述べるが，μ の最小化問題は，上限値の最小化問題に置き換えて解くのが一般的である．

6.2 パラメータ摂動の LFT 表現

μ 設計では，制御対象の持つ摂動を構造的摂動として取り出し，LFT 形式で表現する必要がある．これは，図 **6.2**(a) のようにシステムの内部に存在する摂動を，それを対角に並べた構造的摂動として外部に取り出し，図 (b) のように変形することに等価である．そこで，本節では，図 **6.3** の 1 自由度振動系の物理パラメータに摂動があると仮定し，それらの摂動を LFT 形式で取り出すための具体的な方法について説明する．

図 **6.3** の 1 自由度振動系の運動方程式は，質点の質量を m 〔kg〕，バネ定数を k 〔N/m〕，減衰係数を c 〔Ns/m〕，質点に加える力を $u(t)$ 〔N〕，質点の変位を $y(t)$ 〔m〕とすると次式となる．

$$m\ddot{y}(t) + c\dot{y}(t) + y(t) = u(t)$$

さらに，状態変数を

$$x(t) = \begin{bmatrix} x_1(t) \\ x_2(t) \end{bmatrix} = \begin{bmatrix} y(t) \\ \dot{y}(t) \end{bmatrix}$$

で定義すれば，このシステムの状態方程式は式 (6.11) のようになる．

$$\dot{x}(t) = \begin{bmatrix} 0 & 1 \\ -\dfrac{k}{m} & -\dfrac{c}{m} \end{bmatrix} x(t) + \begin{bmatrix} 0 \\ \dfrac{1}{m} \end{bmatrix} u(t) \tag{6.11}$$

6.2 パラメータ摂動の LFT 表現

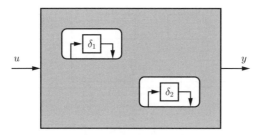

(a) パラメータ摂動を持つシステム

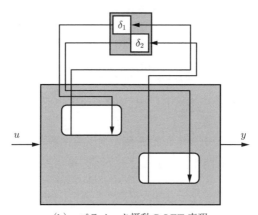

(b) パラメータ摂動の LFT 表現

図 **6.2** パラメータ摂動を持つシステムの LFT 表現

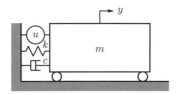

図 **6.3** 1 自由度振動系

このとき，式 (6.11) の状態方程式をブロック線図で表現すると，図 **6.4** のようになる．

今，m，k にパラメータ摂動があると仮定し，その最大値，最小値が

$$m_L \leqq m \leqq m_H, \quad k_L \leqq k \leqq k_H \tag{6.12}$$

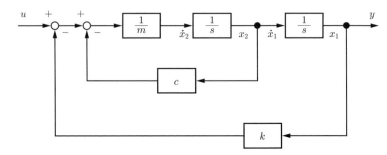

図 6.4　1自由度振動系のブロック線図

のように既知であるとする．摂動の中心と摂動の幅を

$$m_0 := \frac{m_H + m_L}{2}, \quad \Delta_m := \frac{m_H - m_L}{2} \tag{6.13}$$

$$k_0 := \frac{k_H + k_L}{2}, \quad \Delta_k := \frac{k_H - k_L}{2} \tag{6.14}$$

のように定義し，$|\delta_i| < 1 (i = 1, 2)$ を満たす正規化された摂動 $\delta_i \in \mathcal{R}$ を用いれば，m および k は式 (6.15) のように表すことができる．

$$m = m_0 + \Delta_m \delta_1, \quad k = k_0 + \Delta_k \delta_2 \tag{6.15}$$

さらに，分数型の摂動

$$\frac{1}{m} = \frac{1}{m_0 + \Delta_m \delta_1} \tag{6.16}$$

が，フィードバック形式で表現できることに注意すると，物理パラメータ m と k に摂動を持つ1自由度振動系は図 **6.5** のブロック線図で書ける．

そこで，図を参照しながら，各信号間の関係を記述すると，状態方程式は次式となる．

$$\begin{aligned}
\dot{x}_1 &= x_2 \\
\dot{x}_2 &= \frac{1}{m_0}[u - (k_0 x_1 + w_2) - c x_2 - w_1] \\
&= -\frac{k_0}{m_0} x_1 - \frac{c}{m_0} x_2 - \frac{1}{m_0} w_1 - \frac{1}{m_0} w_2 + \frac{1}{m_0} u
\end{aligned}$$

また，出力方程式は次式となる．

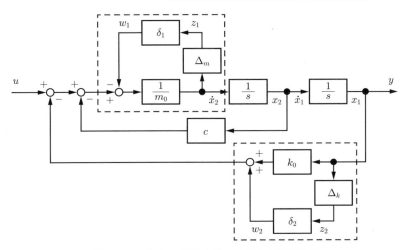

図 **6.5** m と k に摂動を持つ 1 自由度振動系の
ブロック線図

$$z_1 = \Delta_m \dot{x}_2$$
$$= -\Delta_m \frac{k_0}{m_0} x_1 - \Delta_m \frac{c}{m_0} x_2 - \frac{\Delta_m}{m_0} w_1 - \frac{\Delta_m}{m_0} w_2 + \frac{\Delta_m}{m_0} u$$
$$z_2 = \Delta_k x_1$$
$$y = x_1$$

よって，入力を $[w_1, w_2, u]^T$，出力を $[z_1, z_2, y]^T$ とするシステム G の状態空間実現は，ドイルの記号法を用いて

$$G := \left[\begin{array}{cc|ccc|c} 0 & 1 & 0 & 0 & 0 \\ -\dfrac{k_0}{m_0} & -\dfrac{c}{m_0} & -\dfrac{1}{m_0} & -\dfrac{1}{m_0} & \dfrac{1}{m_0} \\ \hline -\Delta_m \dfrac{k_0}{m_0} & -\Delta_m \dfrac{c}{m_0} & -\dfrac{\Delta_m}{m_0} & -\dfrac{\Delta_m}{m_0} & \dfrac{\Delta_m}{m_0} \\ \Delta_k & 0 & 0 & 0 & 0 \\ \hline 1 & 0 & 0 & 0 & 0 \end{array}\right] \quad (6.17)$$

と表現できる。したがって

$$\begin{bmatrix} w_1 \\ w_2 \end{bmatrix} = \begin{bmatrix} \delta_1 & 0 \\ 0 & \delta_2 \end{bmatrix} \begin{bmatrix} z_1 \\ z_2 \end{bmatrix} \quad (6.18)$$

$$\begin{bmatrix} z_1 \\ z_2 \\ \hdashline y \end{bmatrix} = G \begin{bmatrix} w_1 \\ w_2 \\ \hdashline u \end{bmatrix} \tag{6.19}$$

の関係より，摂動 δ_i を含むシステムは LFT を用いて

$$y = \mathcal{F}_u(G, \Delta)u, \quad \Delta = \mathrm{diag}[\delta_1, \delta_2] \tag{6.20}$$

と記述できる。

つぎに，RCT を使って式 (6.20) のシステムを定義する．まず，式 (6.20) に従った方法について述べる．つまり，式 (6.20) の G と Δ を定義し，それらの LFT を計算する方法である．具体的には実行 **6.1** のようになる．ただし，$m_0 = 1$, $k_0 = 100$, $c = 1$ とし，m および k の摂動幅はノミナル値の $\pm 10\%$ とした．

■ 実行 **6.1**

```
%% ノミナル値
m0 = 1;
k0 = 100;
c  = 1;
%% 摂動幅の定義
Delta_m = m0*0.1;
Delta_k = k0*0.1;
%% 正規化された実数摂動の定義
delta_1 = ureal('delta_1',0);
delta_2 = ureal('delta_2',0);
Delta   = blkdiag(delta_1,delta_2);
%% G の定義
A = [ 0,       1       ;
     -k0/m0, -c/m0 ];
B = [ 0,      0,     0    ;
     -1/m0, -1/m0, 1/m0 ];
C = [ -k0/m0*Delta_m, -c/m0*Delta_m ;
       Delta_k,         0             ;
       1,               0             ];
D = [ -Delta_m/m0, -Delta_m/m0, Delta_m/m0 ;
       0,            0,           0           ;
       0,            0,           0           ];
G = ss(A,B,C,D);
%% LFT の計算
```

```
P = lft(Delta,G);
%% ボード線図
bode(P)
```

ureal によって，ノミナル値 0，摂動幅 $-1 \sim 1$ の実数摂動を定義している。このように定義した構造的摂動 Delta と，式 (6.17) の G に対して，上側線形分数変換を計算することで P を定義している。なお，上側線形分数変換は $\mathcal{F}_u(G, \Delta)$ と記述するが，MATLAB では，G と Δ の順序が逆になり，lft(Delta,G) となることに注意する。上記のコマンドを実行して得られたボード線図を図 **6.6** に示す。共振周波数が変動する様子が確認できる。

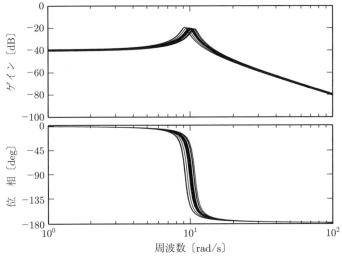

図 **6.6** P のボード線図

RCT は第 1 章ですでに説明したように，LFT を使わなくても，パラメータ摂動を持つシステムが簡単に定義できる。具体的には**実行 6.2** のようにすればよい。

■ 実行 **6.2**

```
%% ノミナル値
m0 = 1;
k0 = 100;
```

140　6. μ 設 計 法

```
c = 1;
%% 実数摂動の定義
m = ureal('m',m0,'percent',10);
k = ureal('k',k0,'percent',10);
%% 状態空間実現
A = [ 0,    1   ;
      -k/m, -c/m ];
B = [ 0;
      1/m ];
C = [ 1, 0 ];
D = [ 0 ] ;
P = ss(A,B,C,D);
```

このように定義したPを，lftdataを使って，正規化された構造的摂動 Δ とそれ以外に分けることができる．具体的には実行 **6.3** のようにする．

■ 実行 6.3

```
[G,Delta,BlkStruc,NormUNC] = lftdata(P);
```

ここで Delta のサイズを確認する（実行 **6.4**）．

■ 実行 6.4

```
>> size(Delta)
Uncertain matrix with 3 rows, 3 columns, and 3 blocks.
```

式 (6.20) では，Δ のサイズは2行2列であったが，実行 **6.4** では3行3列になっている．Delta の情報は，lftdata の4番目の引数を見ればわかるので，これを表示すると実行 **6.5** のようになる．

■ 実行 6.5

```
>> NormUNC{:}
ans = 
  Uncertain real parameter "kNormalized" with
  nominal value 0 and variability [-1,1].
ans = 
  Uncertain real parameter "mNormalized" with
  nominal value 0 and variability [-1,1].
ans = 
  Uncertain real parameter "mNormalized" with
  nominal value 0 and variability [-1,1].
```

この結果から，この例で求めた構造的摂動 Delta は式 (6.21) のように定義されていることがわかる．

$$\Delta = \text{diag}\,[\delta_2, \delta_1, \delta_1] \tag{6.21}$$

ここで，δ_1 と δ_2 は式 (6.15) で定義した質量 m およびバネ定数 k の摂動要素であり，Δ の中で δ_1 が 2 回繰り返されている．つまり，δ_1 については，式 (6.1) で定義したサイズ 2 の重複スカラブロックになっていることがわかる．

なお，式 (6.21) のように δ_1 が 2 回繰り返されていることについては，わざわざ LFT 形式へ変換しなくても，**実行 6.6** のようにして P の説明を表示したとき，上から 7 行目に，2 occurrences とあることからもわかる．

■ 実行 6.6
```
>> P
P =
  Uncertain continuous-time state-space model with
    1 outputs, 1 inputs, 2 states.
  The model uncertainty consists of the following blocks:
    k: Uncertain real, nominal = 100, variability = [-10,10]%, 1 occurrences
    m: Uncertain real, nominal = 1, variability = [-10,10]%, 2 occurrences
  Type "P.NominalValue" to see the nominal value, "get(P)" to see all
  properties, and "P.Uncertainty" to interact with the uncertain elements.
```

実行 6.6 から，同じ摂動を持つシステムでも，その表現方法は一意ではないことがわかる．6.3〜6.6 節で説明する μ 設計では，摂動 Δ のブロックのサイズが小さいほうが，保守性の少ない設計ができる．これは，Δ のサイズが大きくなると，μ の真値とその上限値が等しくなるための条件式 (6.10) が満たされなくなるためである．

RCT では，冗長な摂動を取り除くために simplify という関数が用意されているが，この例では Δ のサイズを小さくすることはできなかった．式 (6.21) に示すように，Δ の中に m の摂動要素 δ_1 が 2 回現れたのは，式 (6.11) に示すように m が A 行列と B 行列の両方に存在することが原因になっている可能性がある[†]．

そこで，式 (6.11) を式 (6.22) のように等価変換する．

[†] この問題の原因は RCT の実装方法に依存するが，具体的なアルゴリズムは明らかになっていないため，「可能性」という言葉を使った．

6. μ 設 計 法

$$\underbrace{\begin{bmatrix} 1 & 0 \\ 0 & m \end{bmatrix}}_{E} \dot{x} = \underbrace{\begin{bmatrix} 0 & 1 \\ -k & -c \end{bmatrix}}_{A_e} x + \underbrace{\begin{bmatrix} 0 \\ 1 \end{bmatrix}}_{B_e} u \qquad (6.22)$$

式 (6.22) の表現形式はディスクリプタシステム (descriptor system) 形式と呼ばれ，非プロパなシステムの表現のほか，パラメータ摂動を持つメカニカルシステムを自然に表現できる形式として知られている[24),25)]。

式 (6.11) と式 (6.22) を比較すると，式 (6.11) では m が3ヶ所に分散しているが，式 (6.22) では，m が1ヶ所に集約されていることがわかる。そこで，E を定義した後に，$A = E^{-1}A_e$，$B = E^{-1}B_e$ のようにして A と B を定義する。RCT では実行 6.7 のようになる。

■ 実行 6.7

```
%% ノミナル値
m0 = 1;
k0 = 100;
c  = 1;
%% 実数変動の定義
m = ureal('m',m0,'percent',10);
k = ureal('k',k0,'percent',10);
%% 状態空間実現
E  = diag([1,m]);
iE = inv(E);
A  = iE*[ 0,  1 ;
         -k, -c ];
B  = iE*[ 0 ;
          1 ];
C  = [ 1, 0 ];
D  = [ 0 ];
P  = ss(A,B,C,D);
```

実行 6.3〜6.5 と同様にして，LFT 形式に変換して，そのときの Δ のサイズを確認する（実行 6.8）。

■ 実行 6.8

```
>> [G,Delta,BlkStruc,NormUNC] = lftdata(P);
>> size(Delta)
Uncertain matrix with 2 rows, 2 columns, and 2 blocks.
>> NormUNC{:}
```

```
ans =
  Uncertain real parameter "kNormalized" with
  nominal value 0 and variability [-1,1].
ans =
  Uncertain real parameter "mNormalized" with
  nominal value 0 and variability [-1,1].
```

Δ のサイズは 2 行 2 列となり，構造的摂動 Δ は NormUNC を見ると

$$\Delta = \mathrm{diag}\,[\delta_2, \delta_1] \tag{6.23}$$

のように定義されていることがわかる．

これらの例から，RCT では，パラメータ摂動を持つシステムの定義のしかたによって，Δ のサイズが異なる．したがって，設計を行う際には，Δ のサイズがどのようになるかについて，つねに注意を払う必要がある．

6.3 構造的摂動に対するロバスト安定化

本節では，構造的摂動を持つシステムに対するロバスト安定化条件を示す．準備として，安定でプロパな伝達関数 Δ が $\Delta(j\omega) \in B\Delta$, $\forall \omega$ を満たす場合，$\Delta \in \mathcal{M}(B\Delta)$ と表記することにする．すなわち，$\mathcal{M}(B\Delta)$ は，大きさが 1 以下で，ブロック構造 Δ を持つ安定でプロパな伝達関数の集合を表す．

以上のもと，$\Delta \in \mathcal{M}(B\Delta)$ を満たす構造的摂動に対し，図 **6.7**(a) の閉ルー

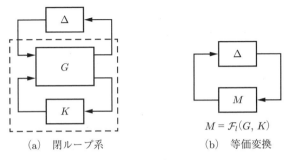

(a) 閉ループ系　　　　(b) 等価変換

図 **6.7** ロバスト安定化制御

プ系がロバスト安定であるための条件を示す．図 (a) において，点線で囲まれた部分を M で定義すると

$$M = \mathcal{F}_l(G, K) \tag{6.24}$$

となるが，$\Delta = 0$ のとき G と K で構成される閉ループ系は内部安定でなければならないので，M は安定でプロパな伝達関数となる．このとき，**定理 6.1** を得る．

【**定理 6.1**】 図 **6.7**(b) において，M は安定でプロパな伝達関数，$\Delta \in \mathcal{M}(B\Delta)$ を満たすものとする．このとき，すべての Δ に対し，図 (b) の閉ループ系が内部安定であるための必要十分条件は

$$\mu_\Delta \{M(j\omega)\} < 1, \quad \forall \omega \tag{6.25}$$

となる．

この定理から明らかなように，制御器 K があらかじめ与えられているときには，M の μ を求めて，それが 1 未満であるかどうかで，ロバスト安定性が判定できる．

6.4 ロバスト性能と μ

H_∞ 制御における混合感度問題では

$$\parallel W_T T \parallel_\infty < 1, \quad \parallel W_S S \parallel_\infty < 1 \tag{6.26}$$

を同時に満たす制御器を求めることが目的であった．ロバスト安定性を保証したうえで，感度関数を周波数整形することで，所望の目標追従特性等を得ることができるが，感度関数 S はノミナルモデル P を用いて

$$S = \frac{1}{1+PK} \tag{6.27}$$

と定義されているため，設計時に考慮しているのは摂動がない場合の制御性能，つまり，ノミナル性能だけである。したがって，混合感度問題では，制御対象が摂動を持つときの性能は何も保証されていない。

制御対象が摂動を持っても所望の性能が達成されるような制御問題，つまりロバスト性能問題を解くには，式 (6.27) の P を摂動を含む $\widetilde{P}$ に置き換え，考えられるすべての $\widetilde{P}$ に対して

$$\left\| W_S \frac{1}{1+\widetilde{P}K} \right\|_\infty < 1 \tag{6.28}$$

を満たす制御器を求める必要がある。

$\widetilde{P}$ が乗法的摂動を持つ場合には，$\|\Delta\|_\infty \leq 1$ を満たす Δ と安定な伝達関数 W_m を使って

$$\widetilde{P} = (1+W_m\Delta)P, \quad \|\Delta\|_\infty \leq 1 \tag{6.29}$$

と表現できるが，加法的摂動や LFT を使ったより一般的な摂動でもかまわない。もちろん，$\widetilde{P}$ として，6.2 節で説明したパラメータ摂動を持つ制御対象を用いることも可能である。

さて，式 (6.29) のもとで式 (6.28) を満たす制御器を求める問題は，図 **6.8** において，$\|\Delta\|_\infty \leq 1$ を満たすすべての Δ に対し，d から e までの H_∞ ノルムを 1 未満とする K を求める問題に帰着できる。さらに，ロバスト性能問題は，感度

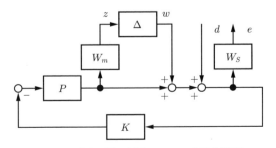

図 **6.8** 感度関数に対するロバスト性能問題

関数に限ったものではなく,図 **6.9** に示すように,構造的摂動 $\Delta \in \mathcal{M}(B\mathbf{\Delta})$,外部入力 d,制御量 e,制御器 K を持つ一般的な閉ループ系において,$\|\Delta\|_\infty \leq 1$ を満たすすべての Δ に対し,d から e までの H_∞ ノルムを 1 未満とする問題として一般化できる。

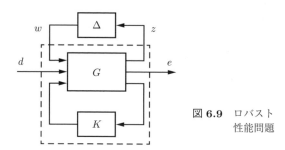

図 **6.9** ロバスト性能問題

このとき,ロバスト性能に関する重要な**定理 6.2** が知られる。

【**定理 6.2**】 図 **6.9** のシステムが,$\Delta \in \mathcal{M}(B\mathbf{\Delta})$ を満たすすべての Δ に対して,内部安定かつ d から e までの H_∞ ノルムが 1 未満であるための必要十分条件は

$$\mu_{\mathbf{\Delta}_P}\{\widehat{G}(j\omega)\} < 1, \quad \forall \omega \tag{6.30}$$

となる。ただし,$\widehat{G}$ は図 **6.9** の破線で囲まれた部分に対応し

$$\widehat{G} := \mathcal{F}_l(G, K) \tag{6.31}$$

で定義され,安定でプロパな伝達関数と仮定する。また,$\mathbf{\Delta}_P$ は

$$\mathbf{\Delta}_P := \left\{ \begin{bmatrix} \Delta & O \\ O & \Delta_F \end{bmatrix} : \Delta \in \mathbf{\Delta}, \quad \Delta_F \in \mathcal{C}^{n_d \times n_e} \right\} \tag{6.32}$$

と定義される。ここで,Δ_F はロバスト性能の仕様を μ の枠組みに組み込むために導入した仮想的な摂動である。また,n_d および n_e はそれぞれ d および e のサイズを表す。

定理 6.2 は，ロバスト性能問題は，図 6.9 の e と d の間に仮想的な摂動 Δ_F を接続することで，構造的摂動を持つシステムのロバスト安定化問題（図 6.10）に帰着できる，ということを述べている。

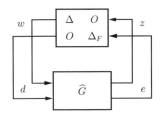

図 6.10 仮想的摂動 Δ_F によるロバスト安定化問題への帰着

6.5 D–K イタレーションによる μ 設計

構造的摂動に対し，ロバスト安定およびロバスト性能を達成するための条件は，μ を用いて式 (6.25) および式 (6.30) となることを示した。したがって，制御器 K があらかじめ求まっているならば，式 (6.24) と式 (6.31) から M および $\widehat{G}$ を求めて μ を計算することで，ロバスト性の解析を行うことができる。これは，**μ 解析**（μ-analysis）と呼ばれる。一方，ロバスト安定あるいはロバスト性能を達成する制御器 K を設計する問題は，**μ 設計**（μ-synthesis）と呼ばれ，μ 解析に比べて複雑となる。

これまで見てきたように，式 (6.25), (6.30) に示されるような，ロバスト安定化やロバスト性能をはじめとする μ 設計は，一般化プラント G と摂動の構造 Δ に対し

$$\mu_{\Delta}\{\mathcal{F}_l(G,K)\} < 1 \tag{6.33}$$

を満たす制御器 K を求める問題へ帰着できる。しかし，式 (6.33) を満足する K を直接求める有効な方法は現在のところ存在しない。そこで，式 (6.9) の関係を利用し，μ の最小化をその上限値

$$\| D\mathcal{F}_l(G,K)D^{-1} \|_{\infty} \tag{6.34}$$

の最小化に置き換えることがよく行われる．特に，D もしくは K のどちらか一方を固定しながら式 (6.34) を最小化する方法は **D–K イタレーション**（D–K iteration）と呼ばれ，大域的な最小解を得る保証はないが，実用上それほど問題となはならず，よく用いられている．以下，その具体的手順 ①〜④ を示す．

① $i = 1$，$D_1 = D_1^{-1} = I$ とおく．

② D_i を固定し，$\| D_i \mathcal{F}_l(G, K_i) D_i^{-1} \|_\infty$ を最小にする K_i を H_∞ 制御の γ イタレーションを用いて求める．具体的には，図 **6.11** に示すように w と z にそれぞれ D_i^{-1} と D_i を接続し，$\hat{w}$ から $\hat{z}$ までの H_∞ ノルムを最小にする K_i を求める．

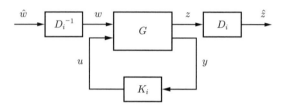

図 **6.11** D–K イタレーションによる K の最適化

③ 手順 ② で求めた K_i を用いて $M_i := \mathcal{F}_l(G, K_i)$ を計算し，各周波数 ω において

$$\overline{\sigma}\{D_{i+1}(j\omega) M(j\omega) D_{i+1}^{-1}(j\omega)\} \tag{6.35}$$

を最小にする $D_{i+1}(j\omega)$ を求める．式 (6.35) の値は，$\mu_\Delta\{M(j\omega)\}$ の一つの上界となるため，すべての ω に対して 1 未満ならば終了し，K_i を制御器として採用する．

④ 各周波数で求められた $D_{i+1}(j\omega)$ を，D_{i+1} および D_{i+1}^{-1} が安定プロパになるような伝達関数 D_{i+1} で近似し，$i := i+1$ とおき，手順 ② へ戻る．

上記の手順は RCT の `dksyn` で自動的に行うことができる．

6.6 設 計 例

6.6.1 は じ め に

本節では，文献26) で示されている3慣性系ベンチマーク問題の制御対象に対して，μ 設計法を適用する．そして，物理パラメータの摂動に対してロバスト性能を達成する制御器を設計する．なお，本書では，μ 設計法の具体的な手順を解説することが目的なので，問題設定を簡略化した．興味のある読者は，オリジナルの問題設定に挑戦していただきたい．

6.6.2 3慣性系ベンチマーク問題

3慣性ベンチマーク問題では，図 **6.12** に示す三つの慣性体が柔軟な軸で接続されたシステムを制御対象としている．図において，各回転質量の回転角，角速度，角加速度をそれぞれ $\theta_i(i=1\sim3)$, $\dot{\theta}_i(i=1\sim3)$, $\ddot{\theta}_i(i=1\sim3)$, 操作トルクを τ，トルク外乱を $\tau_{di}(i=1\sim3)$ とし，各回転質量の慣性モーメントを $j_i(i=1\sim3)$，粘性摩擦係数を $d_i(i=1\sim3,a,b)$，バネ定数を $k_i(i=a,b)$ とすれば，この系の運動方程式は式 (6.36)～(6.38) のように表される．

$$j_1\ddot{\theta}_1 = -d_1\dot{\theta}_1 - k_a(\theta_1 - \theta_2) - d_a(\dot{\theta}_1 - \dot{\theta}_2) + \tau + \tau_{d1} \tag{6.36}$$

$$j_2\ddot{\theta}_2 = k_a(\theta_1 - \theta_2) + d_a(\dot{\theta}_1 - \dot{\theta}_2) - d_2\dot{\theta}_2 - f_b(\theta_2,\theta_3) - d_b(\dot{\theta}_2 - \dot{\theta}_3) + \tau_{d2} \tag{6.37}$$

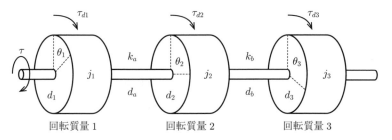

図 **6.12** 3慣性モデル

$$j_3\ddot{\theta}_3 = f_b(\theta_2, \theta_3) + d_b(\dot{\theta}_2 - \dot{\theta}_3) - d_3\dot{\theta}_3 + \tau_{d3} \tag{6.38}$$

ただし

$$f_b(\theta_2, \theta_3) := k_b(\theta_2 - \theta_3) \tag{6.39}$$

である。また，操作トルク τ〔Nm〕は，式 (6.40) で表される電流アンプを介して電圧 e〔V〕によって制御されているとする。

$$\dot{\tau} = -a_e\tau + a_e e \tag{6.40}$$

3慣性系ベンチマーク問題で示されている位置制御問題は，基本問題1,2,および発展問題の三つの問題に分けられる。基本問題1,2は基本的な線形制御問題であり，2は1よりも要求される制御性能が厳しくなっている。また，発展問題では，サンプリング周期や制御器の次数などの制約が加わった場合や，システムに非線形摩擦やむだ時間が存在する場合の制御問題を扱っている。本書では，基本問題2についてのみ説明する。その他の問題については文献26) を参照されたい。

まず，位置制御問題に共通する条件について説明する。

(1) ノミナルパラメータ　　制御対象のノミナルパラメータは以下の値とする。

$$j_1 = j_2 = 0.001, \quad j_3 = 0.002$$
$$d_1 = 0.05, \quad d_2 = 0.001, \quad d_3 = 0.007, \quad d_a = d_b = 0.001$$
$$k_a = 920, \quad k_b = 80, \quad a_e = 5\,000$$

(2) パラメータ誤差　　制御対象には，以下のパラメータ誤差，およびパラメータ変動が存在するものとする。

① d_a … 10倍 ～1/5 の誤差 ($d_a = 0.01 \sim 0.000\,2$)

② d_3 … 5倍 ～1/5 の誤差 ($d_3 = 0.035 \sim 0.001\,4$)

③ j_3 … ±50% の誤差 ($j_3 = 0.003 \sim 0.001$)

④ その他のパラメータは ±10% の誤差

(3) ハードウエアの制約
- 操作トルクの制限：$t \geq 0$ で，操作トルクは $|\tau| \leq 3\,\mathrm{Nm}$ とする．
- ねじり角変位の制限：$t \geq 0$ で，ねじり角変位について以下が成り立つとする．

$$|\theta_1 - \theta_2| \leq 0.02\,\mathrm{rad}, \quad |\theta_2 - \theta_3| \leq 0.02\,\mathrm{rad}$$

上記の条件設定のもと，基本問題 2 はつぎのように定義される（**定義 6.2**）．

【定義 6.2】 **基本問題 2 (問題 P2)**　　つぎに示す (P2–1)〜(P2–6) の仕様をすべて満たす連続時間制御器を設計する．ただし，満足できない仕様があった場合には，その仕様にできるだけ近い性能を示す制御器を求める．また，すべての仕様を容易に満たすことができる場合には，仕様 (P2–2) の性能をできるだけ向上させた設計を行う．なお，観測量は回転質量 1 の回転角 $y = \theta_1$ とし，制御量は回転質量 3 の回転角 θ_3 とする．

(P2–1) 原点を初期状態とし，$t = 0\,\mathrm{s}$ から目標位置 $\theta_3 = 1\,\mathrm{rad}$ に追従させるとき，θ_3 の応答が以下の条件を満たす．
- $t \geq 0.0\,\mathrm{s}$ で $\theta_3 \leq 1.1\,\mathrm{rad}$
- $t \geq 0.1\,\mathrm{s}$ で $\theta_3 \geq 0.75\,\mathrm{rad}$
- $t \geq 0.2\,\mathrm{s}$ で $|\theta_3 - 1| \leq 0.05\,\mathrm{rad}$
- $t \geq 0.3\,\mathrm{s}$ で $|\theta_3 - 1| \leq 0.01\,\mathrm{rad}$
- $t = \infty$ で $\theta_3 = 1\,\mathrm{rad}$

(P2–2) 原点を初期状態とし，$t = 0\,\mathrm{s}$ で $\tau_{d1} = 1\,\mathrm{Nm}$ のステップ外乱を印加したとき，θ_3 の応答が以下の条件を満たす．
- $t \geq 0.0\,\mathrm{s}$ で $|\theta_3| \leq 0.2\,\mathrm{rad}$
- $t \geq 0.1\,\mathrm{s}$ で $|\theta_3| \leq 0.13\,\mathrm{rad}$
- $t \geq 0.2\,\mathrm{s}$ で $|\theta_3| \leq 0.01\,\mathrm{rad}$
- $t \geq 0.3\,\mathrm{s}$ で $|\theta_3| \leq 0.002\,\mathrm{rad}$

- $t = \infty$ で $\theta_3 = 0\,\mathrm{rad}$

(P2–3) 原点を初期状態とし，$t = 0\,\mathrm{s}$ で $\tau_{d1} = 0.01\,\mathrm{Nm}$ のインパルス外乱を印加したとき，θ_3 の応答が以下の条件を満たす．

- $t \geq 0.0\,\mathrm{s}$ で $|\theta_3| \leq 0.06\,\mathrm{rad}$
- $t \geq 0.1\,\mathrm{s}$ で $|\theta_3| \leq 0.04\,\mathrm{rad}$
- $t \geq 0.2\,\mathrm{s}$ で $|\theta_3| \leq 0.01\,\mathrm{rad}$
- $t \geq 0.3\,\mathrm{s}$ で $|\theta_3| \leq 0.002\,\mathrm{rad}$
- $t = \infty$ で $\theta_3 = 0\,\mathrm{rad}$

(P2–4) 相補感度関数がつぎの条件を満たす．

- すべての周波数帯域でゲインが $20\,\mathrm{dB}$ 以下
- $300\,\mathrm{rad/s}$ 以上の周波数帯域でゲインが $-20\,\mathrm{dB}$ 以下

(P2–5) 外乱 τ_{d3} から θ_3 までの閉ループ伝達関数がつぎの条件を満たす．

- すべての周波数帯域でゲインが $-10\,\mathrm{dB}$ 以下

(P2–6) 想定したすべてのパラメータ摂動に対し，上記 (P2–1)〜(P2–5) の性能を満足する．

6.6.3 問題設定

本書では，設計およびシミュレーションを簡単にするため，問題設定を簡略化する．まず，6.6.2 項で説明したように，3 慣性系ベンチマーク問題では，すべてのパラメータに摂動を仮定しているが，本書では，摂動パラメータは以下の二つに絞る．

① j_3 ··· ±50% の誤差

② k_a ··· ±10% の誤差

仕様については，(P2–1), (P2–4), および ±3 Nm の操作トルク制限に絞り，これらが，j_3 および k_a の摂動に対して，満足されるかどうかについて評価する．ただし，(P2–1) については，非観測量 θ_3 ではなく観測量である θ_1 に対する条件に読み替えることとする．

なお，式 (6.40) に示す電流アンプの特性は，簡単のため，設計時およびシミュレーション時のどちらにおいても考慮しないこととする．つまり，制御入力 u はトルク τ とする．

6.6.4　設計 I（非構造的摂動＋ロバスト性能）

本項では，基本的な μ 設計の例として，j_3 と k_a のパラメータ摂動を，非構造的摂動である乗法的摂動として見積もり，それに対して，ロバスト性能を満たす制御器を設計することを考える．ここでは，j_3 と k_a のパラメータ摂動から乗法的摂動を見積もるが，最初から乗法的摂動が直接与えられている場合の設計手順もほぼ同じになる．

まず，実行 6.9 のようにして，パラメータ摂動を持つ制御対象を定義する．

■ 実行 6.9

```
%% 初期化
clear all
%% 制御対象の定義
smass_param
J3n = J3;
Kan = Ka;
%% パラメータ摂動の定義
J3 = ureal('J3',J3n,'percent',50);
Ka = ureal('Ka',Kan,'percent',10);
%% 摂動モデル Ppert とノミナルモデル Pn の定義
Ppert = defssmodel(J1,J2,J3,Ka,Kb,D1,D2,D3,Da,Db);
Pn    = Ppert.nominal;
%% 周波数応答
w = logspace(-1,4,500);
rng('default') % 乱数の初期化
Parray   = usample(Ppert,100);
Parray_g = frd(Parray,w);
Pn_g     = frd(Pn,w);
figure(1)
bode(Parray_g)
legend('Ppert',2)
```

実行 6.9 で得られる制御対象のゲイン線図を図 6.13 に示す．図からわかるように，1 次共振モードが大きく変化することがわかる．なお，smass_param

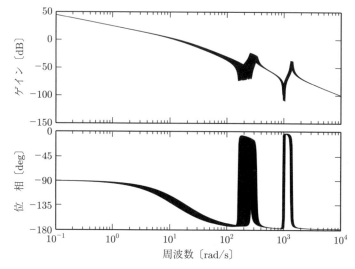

図 6.13 制御対象のボード線図

は制御対象のパラメータを定義する m-file であり,プログラム 6.1 のように定義している。

■ プログラム 6.1　パラメータの定義 (smass_param.m)

```
1  %% smass_param.m
2  J1=0.001;J2=0.001;J3=0.002;
3  Ka=920;Kb=80;
4  D1=0.05;D2=0.001;D3=0.007;
5  Da=0.001;Db=0.001;
6  Ae=5000;
```

また,defssmodel は,制御対象の状態空間実現を定義するための関数であり,その内容をプログラム 6.2 に示す。

■ プログラム 6.2　制御対象の状態空間実現 (defssmodel.m)

```
1  function [ P ] = defssmodel(J1,J2,J3,Ka,Kb,D1,D2,D3,Da,Db)
2  ep=diag([1  1   1 J1 J2 J3]);
3  ap=[ 0   0     0  1     0        0       ;
4       0   0     0  0     1        0       ;
5       0   0     0  0     0        1       ;
6      -Ka  Ka    0  -D1-Da Da       0       ;
7       Ka -Ka-Kb Kb Da    -D2-Da-Db Db     ;
8       0   Kb   -Kb 0     Db       -Db-D3 ];
```

6.6 設 計 例

```
 9   bp=[0  ;
10      0  ;
11      0  ;
12      1  ;
13      0  ;
14      0 ];
15   cp=[ 1 0 0 0 0 0];
16   iep = inv(ep);
17   Ap  = iep*ap;
18   Bp  = iep*bp;
19   Cp  = cp;
20   Dp  = 0;
21   P   = ss(Ap,Bp,Cp,Dp);
```

6.2 節で説明したように，Δ のサイズが大きくならないよう，**プログラム 6.2** では，制御対象をディスクリプタシステム形式で表現してから，つまり，ep を定義してから，状態空間実現を求めている．実際，**実行 6.10** に示すように Δ のサイズが 2 行 2 列であることが確認できる．

■ 実行 6.10

```
>> [G,Delta] = lftdata(Ppert);
>> size(Delta)
Uncertain matrix with 2 rows, 2 columns, and 2 blocks.
```

つぎに，乗法的摂動を見積もり，乗法的摂動を持つモデル集合を定義する（**実行 6.11**）．

■ 実行 6.11

```
% 乗法的摂動
Dm_g = (Parray_g-Pn_g)/Pn_g;
% 乗法的摂動を覆う重み
Wt1  = make_wt(28,0.5,30,0.1);
Wt2  = make_wt(15,0.7,150,0.7);
Wt   = Wt1*Wt1*Wt2*0.38;
Wt_g = frd(Wt,w); % 重み
figure(3)
bodemag(Dm_g,Wt_g,'--');
legend('Delta','Wt',2)
```

なお，make_wt は 2 次の重み関数を定義するための関数で，**プログラム 6.3** のように定義されている．

6. μ 設 計 法

■ プログラム 6.3 重み関数の定義 (make_wt.m)

```
1  function Wt = make_wt(fn,zn,fd,zd);
2  wd = 2*pi*fd;
3  wn = 2*pi*fn;
4  Wt = ss(tf([1 2*zn*wn wn^2],[1 2*zd*wd wd^2])*(wd^2/wn^2));
```

引数の fd〔Hz〕と zd は共振周波数と減衰比を表し，fn〔Hz〕と zn は反共振周波数と減衰比を表す．また，出力される重み関数のゲインは，周波数 0 Hz において 0 dB になるように設定されている．

乗法的摂動 Δ_m と重み関数 Wt のゲイン線図を図 6.14 に示す．乗法的摂動を Wt がタイトに覆っている様子が確認できる．なお，RCT には，摂動を覆う重み関数を自動的に求める関数 ucover が用意されている．しかし，摂動に共振ピークなどの急峻な特性を持つと，適切な重み関数が得られないことがある．本例題でも，満足のいく結果は得られなかった．

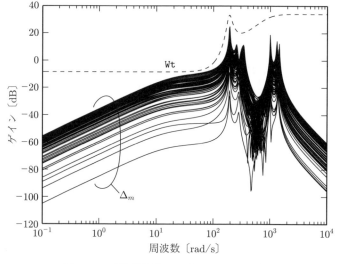

図 6.14 乗法的摂動 Δ_m と Wt のゲイン線図

このように定義した Wt を使って，乗法的摂動を持つモデル集合 Ppert は実行 6.12 のように定義できる．

6.6 設 計 例

■ 実行 6.12

```
InputUnc = ultidyn('InputUnc',[1 1]);
Ppert    = Pn*(1+InputUnc*Wt);
```

ultidyn は不確かさを持つ線形時不変オブジェクトを定義する関数であり，実行 6.12 のように引数を与えると，InputUnc という名称で，サイズが 1 行 1 列[†]，H_∞ ノルムの最大値が 1 となる動的摂動が定義できる。

以上の準備のもと，ロバスト性能問題を解くために，図 6.15 に示す一般化プラントを構成する。Ppert は乗法的摂動を持つ制御対象，Weps は観測ノイズの重み（定数），Wps は外乱抑圧に対する重みを表す。すべての Ppert に対して，d1, d2 から e までの H_∞ ノルムが 1 未満となるフィードバック制御器が設計できれば，外乱抑圧特性とノイズ特性に対するロバスト性能問題が解けたことになる。

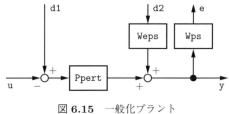

図 6.15　一般化プラント

外乱抑圧特性に対する重み Wps は，低域でゲインが大きくなるよう，そして，観測ノイズの重み Weps は小さな正の定数として，実行 6.13 のように与えた。

■ 実行 6.13

```
Wps  = tf([1/50 1],[1 1e-3])*25;
Weps = 1e-4;
```

以上のもと，図 6.15 の一般化プラントを sysic を用いてプログラム 6.4 のようにして定義する。

■ プログラム 6.4　一般化プラント (defgp_mu1.m)

```
1  %% defgp_mu1.m
```

[†] 第 2 引数を [a,b] と書けば，a 行 b 列の動的摂動が生成される。

```
2   systemnames     = 'Ppert Wps Weps';
3   inputvar        = '[d1; d2; u]';
4   outputvar       = '[Wps; Ppert+Weps]';
5   input_to_Ppert  = '[d1 - u]';
6   input_to_Wps    = '[Ppert + Weps]';
7   input_to_Weps   = '[ d2 ]';
8   G = sysic;
```

プログラム 6.4 によって構成された一般化プラントの Ppert には，図 6.16(a) に示すように乗法的摂動 Δ_m を含んでいる．通常，ロバスト性能問題を解くには，乗法的摂動

$$\Delta_m = \Delta W_t$$

の Δ を図 6.9 に示すように引っ張り出し〔この問題では，図 6.16(a) を図 6.16(b) にように変形する〕，さらに，図 6.10 に示すように e と d の間

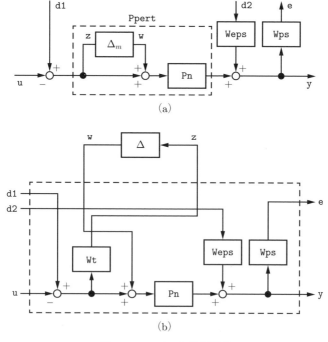

図 6.16　ロバスト性能問題

に仮想的な摂動 Δ_F を接続した場合のロバスト安定化問題へ帰着しなければならない。

しかしながら，RCT ではこの手順を省略できる。具体的には，**プログラム 6.4** を実行して得られた一般化プラント G を，D–K イタレーションを行うための関数 dksyn の引数に指定するだけでよい。その後の処理は，RCT が自動的に行ってくれる。この dksyn は**実行 6.14** のように使用する。

■ 実行 6.14

```
% オプションの定義
dkitopt = dksynOptions(...
    'DisplayWhileAutoIter','on',...
    'NumberOfAutoIterations',4,...
    'FrequencyVector',logspace(1,4,200));
% μ設計（D-K イタレーション）
[Kmu,clp,bnd] = dksyn(G,1,1,dkitopt);
```

dksyn の最初の引数は一般化プラント，2，3 番目の引数は観測出力 y および制御入力 u のサイズ，そして 4 番目の引数はオプションを表す。dksyn のオプションは dksynOptions という関数で指定し，DisplayWhileAutoIter は D–K イタレーションの過程を表示するかどうか，NumberOfAutoIterations は D–K イタレーションの最大回数，FrequencyVector は μ の値や式 (6.35) を計算するときの周波数ベクトルを指定する。制御対象が急峻な共振特性を持つような場合は，logspace の 3 番目の引数（周波数点の数）を大きめに設定したほうがよい。実行結果を**実行 6.15** に示す。μ の値が 1 未満となる μ 制御器 Kmu が求まった。制御器のボード線図を**図 6.17** に示す。

■ 実行 6.15

```
Iteration Summary
-------------------------------------------------------------
Iteration #                    1         2         3         4
Controller Order              13        17        23        23
Total D-Scale Order            0         4        10        10
Gamma Acheived            50.703     4.602     3.824     3.599
Peak mu-Value             35.867     1.260     0.998     0.996
 Next MU iteration number:    5
```

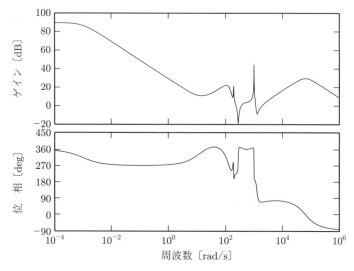

図 6.17 μ 制御器のボード線図

ロバスト性能が満たされているかどうかを確認するため，外乱抑圧特性 $M = P/(1+PK)$ と重み関数の逆数 $1/W_{PS}$ のゲイン線図を図 **6.18** に示す．乗法的摂動を持つ制御対象に対して計算した外乱抑圧特性 M が，重みの逆数より

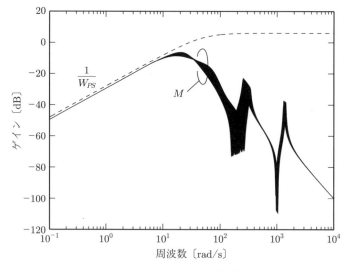

図 6.18 ロバスト性能の確認（設計 I）

も下側に整形されていることが確認できる．つまり，ロバスト性能を満たす制御器が設計できた．図 6.19 には，相補感度関数のゲイン線図を示す．一点鎖線は 3 慣性ベンチマーク問題で規定されている相補感度関数に対する仕様である．この図から，相補感度関数に対する仕様も満たされていることがわかる．

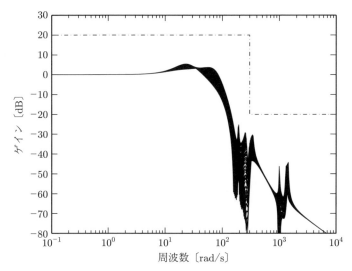

図 6.19　相補感度関数のゲイン線図（設計 I）

最後に，ステップ目標値応答を求める．そのために，4.4 節で説明した図 4.20(c) のモデルマッチング 2 自由度制御系を構成することにする．規範モデルは式 (4.39) で与えることとし，各パラメータは仕様 (P2–1) を満たすように式 (6.41) のように選んだ

$$\omega_n = 45, \quad \zeta = 0.7, \quad \alpha = \zeta\omega_n \tag{6.41}$$

このときの，規範モデル M とフィードフォワード制御器 $G_{FF} = M/P$ のステップ応答を図 6.20 に示す．上段が M の応答，下段が G_{FF} の応答を表し，上段の破線は応答が満たすべき領域を表す．この図から，規範モデルの応答は仕様 (P2–1) を満たしていることがわかる．なお，P には制御対象のノミナルモデルを用いた．

一方，G_{FF} の応答は図 6.20 の下段からわかるように，減衰の非常に悪い振

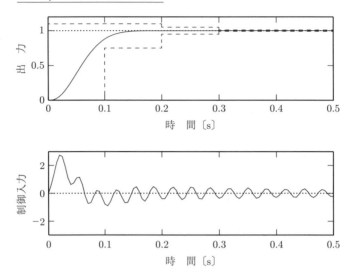

図 **6.20** 規範モデルとフィードフォワード入力の応答
(上段：M の応答，下段：G_{FF} の応答)

動が長時間続いている。G_{FF} の応答は図 **4.20**(c) からわかるようにフィードフォワード入力の応答であることから，このような振動があると，アクチュエータに過度な負担をかけたり，無駄なエネルギーを消費したり，制御対象の状態 (θ_1 や θ_2 など) を加振するため，避けなければならない。

このような振動が現れたのは，制御対象が図 **6.13** に示すように急峻な反共振特性を持つため，それが，$G_{FF} = M/P$ において共振特性になるからである。そこで，$1/P$ の共振特性を M によってキャンセルするように M を選ぶことを考える。

そこでまず，制御対象のノミナルモデル **Pn** の零点

$$z_i = \alpha_i \pm j\beta_i$$

およびそれら零点の固有角周波数 $\omega_i = \sqrt{\alpha_i{}^2 + \beta_i{}^2}$ および減衰比 $\zeta_i = -\alpha_i/\omega_i$ を**実行 6.16** のようにして求める。

■ 実行 6.16

```
>> [p,z] = pzmap(Pn);
```

```
>> z_omega = abs(z)
z_omega =
   1.0017e+03
   1.0017e+03
   1.9152e+02
   1.9152e+02
>> z_zeta = -real(z)./abs(z)
z_zeta =
   1.5405e-03
   1.5405e-03
   1.0218e-02
   1.0218e-02
```

そして，ノッチフィルタ F_n

$$F_n = \frac{s^2 + 2\zeta_n \omega_n s + \omega_n{}^2}{s^2 + 2\zeta_d \omega_n s + \omega_n{}^2} \tag{6.42}$$

の零点を Pn の零点と一致するように選ぶ．実行 **6.16** の結果から，複素共役な零点が 2 対存在することから，二つのノッチフィルタを定義し，それらを式 (4.39) に乗じたものを規範モデルとして定義し直す．

まず，ノッチフィルタを定義する関数 notch_f をプログラム **6.5** のように作る．

■ プログラム **6.5** ノッチフィルタ (notch_f.m)

```
1  function [F] = notch_f(omega_n,zeta_n,zeta_d)
2  num = [1, 2*zeta_n*omega_n, omega_n^2];
3  den = [1, 2*zeta_d*omega_n, omega_n^2];
4  F   = ss(tf(num,den));
```

つぎに，二つのノッチフィルタの零点が Pn の零点と完全に一致するよう，実行 **6.17** のようにノッチフィルタのパラメータを定義する．ただし，ノッチフィルタの分母の減衰比 zeta_d はどちらも 0.7 とした．

■ 実行 **6.17**

```
Fn1 = notch_f(1.9152e2,1.0218e-2,0.7);
Fn2 = notch_f(1.0017e3,1.5405e-3,0.7);
```

最後に，Fn1, Fn2 を使って規範モデル M およびフィードフォワード制御器 Gff を実行 **6.18** のように再定義した．

■実行 6.18

```
Mt  = ss(wn^2*alpha/((s^2 + 2*zt*wn*s + wn^2)*(s+alpha)));
M   = Mt*Fn1*Fn2;
Gff = ss(M/tf(Pn));
Gff = minreal(Gff,1e-5);
```

4行目の minreal は，M の零点と 1/Pn の極の間で極零相殺を強制的に行わせて Gff の次数を下げるためのものである．第2引数の 1e-5 は極零相殺に関する閾値であり，試行錯誤的に決めた．図 6.21 にノッチフィルタを導入する前と後の Gff のゲイン線図を示すが，ノッチフィルタの導入によって，共振ピークが消えていることが確認できる．その結果，図 6.22 に示すように，フィードフォワード入力の振動が完全に除去されていることがわかる．

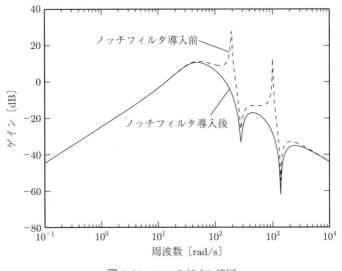

図 6.21 Gff のゲイン線図

最後に，Ppert から実行 6.19 のようにして生成した 100 通りのモデル P に対して，実行 4.8 と同様のコマンドを実行して2自由度制御系の応答を計算した．結果を図 6.23 に示すが，仕様 (P2–1) をほぼ満たす制御器が設計できたことが確認できる．

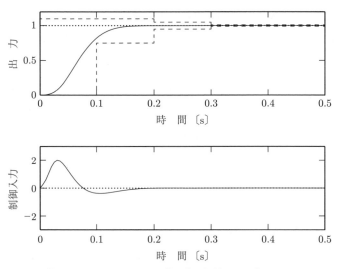

図 6.22 ノッチフィルタ導入後の規範モデルとフィードフォワード入力の応答（上段：M の応答，下段：G_{FF} の応答）

■ 実行 6.19

```
rng('default') % 乱数の初期化
P = usample(Ppert,100);
```

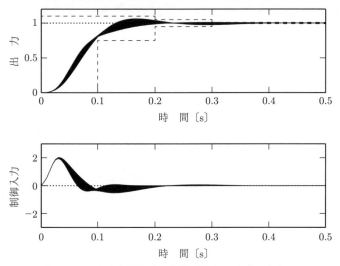

図 6.23 2自由度制御系の応答（設計 I，上段：出力 y，下段：入力 u）

6.6.5 設計 II（構造的摂動＋ロバスト性能）

設計 I では，j_3 および k_a の摂動を乗法的摂動として見積もりロバスト性能を満たす制御器を設計した．しかし，μ 設計では j_3 および k_a の摂動を構造的摂動としてそのまま表現できる．そこで，設計 II では j_3 および k_a の摂動を乗法的摂動として見積もることなく，構造的摂動のまま取り扱って制御器を設計する．

まず，**実行 6.20** のようにしてモデル集合 Ppert とノミナルモデル Pn を定義する．

■ 実行 6.20

```
%% 初期化
clear all
%% 制御対象の定義
smass_param
J3n = J3;
Kan = Ka;
%% パラメータ摂動の定義
scl = 0.25;
J3  = ureal('J3',J3n,'percent',50*scl);
Ka  = ureal('Ka',Kan,'percent',10*scl);
%% 摂動モデル Ppert とノミナルモデル Pn の定義
Ppert = defssmodel(J1,J2,J3,Ka,Kb,D1,D2,D3,Da,Db);
Pn    = Ppert.nominal;
```

実行 6.20 では，J3 および Ka を定義する際に実際の変動幅に scl を乗じている．D–K イタレーションに基づく μ 設計では，実数の摂動を複素数の摂動と見なして設計することになる．これは，複素平面における実軸上の摂動を，それを直径とする円の摂動ととらえることになるので，実際よりも大きな摂動を想定していることになり，所望のロバスト安定性やロバスト性能に対する要求を満たすことが難しくなる．そこで，制御器の設計時には，実際の摂動幅の 0.25 倍を仮定することにした．そのため，制御器が得られた後に，実際の摂動幅でシミュレーションを行って，ロバスト安定性やロバスト性能を検証する必要がある．

設計 I のように，乗法的摂動を取り扱う場合は，それに対してロバスト安定性が満たされるように相補感度関数が周波数整形され，制御帯域もそれによっ

て制約される．しかしながら，設計 II のようにパラメータ摂動を直接取り扱う場合には，相補感度関数および制御帯域に対する制約が陽には存在せず，制御帯域が非現実的に高くなってしまうことがある．3 慣性系ベンチマーク問題では，仕様 (P2–4) によって図 **6.19** の破線で示すように，相補感度関数を制約していることから，相補感度関数に対する仕様を考慮する必要がある．

そこで，設計 II では修正混合感度問題の一般化プラント〔図 **4.12**(b)〕を用いることとし，相補感度関数に対する重み Wt を導入し，**実行 6.21** のように定義した．

■ 実行 6.21

```
Wt = makeweight2(0.1,500,10,0.7);
```

ここで，makeweight2 は RCT の関数 makeweight を 2 次の伝達関数に拡張したもので，**プログラム 6.6** のように定義した．

■ プログラム 6.6　重み関数の定義 (makeweight2.m)

```
1  function W = makeweight2(gL,wx,gH,zeta)
2  % gL: gain at low frequency
3  % gH: gain at high frequency
4  % wx: cross frequency [rad/s]
5  wH = wx*sqrt(gH);
6  wL = wx*sqrt(gL);
7  num = [1, 2*zeta*wL, wL^2]*gH;
8  den = [1, 2*zeta*wH, wH^2];
9  W = ss(tf(num,den));
```

makeweight2 では，低域のゲイン (gL)，高域のゲイン (gH)，ゼロクロス周波数 (wx) のほかに折れ点周波数における減衰比 (zeta) が指定できる．zeta を 1 より若干小さく選ぶことで，折れ点周波数付近のゲインの変化をより急峻にできる．

外乱抑圧特性および観測ノイズに対する重み関数は，数度の試行錯誤を経て，**実行 6.22** のように決めた．

■ 実行 6.22

```
Wps  = tf([1/50 1],[1 1e-3])*60;
Weps = 1e-4;
```

実行 **6.22** では，実行 **6.13** に比べて，Wps のゲインが 2 倍になっていることに注意する。

このように定義した重み関数に対して，実行 **6.23** のようにして μ 制御器を求めた。

■ 実行 **6.23**

```
defgp_mu2
% オプションの定義
dkitopt = dksynOptions('DisplayWhileAutoIter','on',...
    'NumberOfAutoIterations',7,...
    'FrequencyVector',logspace(1,4,200));
[Kmu,Gclp,mubnd,dkinfo] = dksyn(G,1,1,dkitopt);
```

ただし，defgp_mu2 は，修正混合問題の一般化プラントを求めるための m-file で，プログラム **6.7** のように定義した。

■ プログラム **6.7** 一般化プラント（設計 II）(defgp_mu2.m)

```
1  %% defgp_mu2.m
2  systemnames    = 'Ppert Wps Wt Weps';
3  inputvar       = '[d1; d2; u]';
4  outputvar      = '[Wps; Wt; Ppert+Weps]';
5  input_to_Ppert = '[d1 - u]';
6  input_to_Wps   = '[Ppert + Weps]';
7  input_to_Wt    = '[ u ]';
8  input_to_Weps  = '[ d2 ]';
9  G = sysic;
```

H_∞ 制御の場合と大きく異なるのは，一般化プラントの中で定義する制御対象がノミナルモデルではなく，モデル集合 Ppert になっている点である。このように定義した一般化プラントを dksyn に与えると，図 **6.9** のように Ppert の摂動を抜き出し，図 **6.10** に示すロバスト性能のための仮想摂動 Δ_F を定義したうえで，D–K イタレーションによって μ 制御器を求めてくれる。

D–K イタレーションの結果を実行 **6.24** に示す。

■ 実行 **6.24**

```
Iteration Summary
-----------------------------------------------------------------
Iteration #              3         4         5         6         7
Controller Order        11        11        11        19        19
```

Total D-Scale Order	2	2	2	10	10
Gamma Acheived	1.921	1.405	1.316	1.293	1.292
Peak mu-Value	1.167	1.001	0.975	0.972	0.971

7回のイタレーションを経て，μ が 0.971 となる制御器が求まった．得られた μ 制御器のボード線図を図 **6.24** に実線で示す．設計 I の μ 制御器に見られた急峻な共振および反共振特性が少なくなっている．また，設計 I に比べて設計 II のほうが制御器のゲインが大きくなっていることから，制御性能の向上が期待できる．しかし，設計時に j_3 と k_a の摂動を小さく見積もっているため，ロバスト安定性やロバスト性能については，シミュレーションによって検証する必要がある．

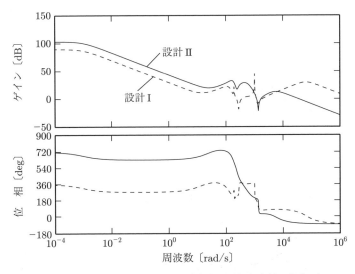

図 **6.24** μ 制御器のボード線図（破線：設計 I，実線：設計 II）

そこで，もとの変動幅で制御対象を定義し直し，外乱抑圧特性 $M = P/(1+PK)$ に対するロバスト性能を調べる．ランダムに生成した 100 通りの制御対象に対して計算した M のゲイン線図を図 **6.25** に示すが，すべてのゲイン特性が重み関数の逆数よりも下側に周波数整形されている．また，すべての M は安定であることも確認できた．したがって，ロバスト性能は結果的に満たされている．

170   6. μ 設 計 法

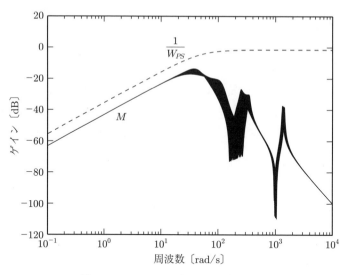

図 **6.25** ロバスト性能の確認（設計 II）

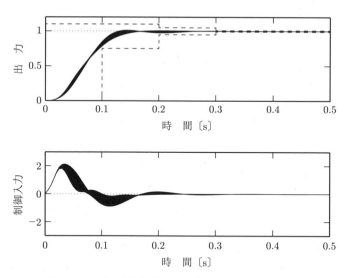

図 **6.26** 2 自由度制御系の応答（設計 II, 上段：出力 y, 下段：入力 u）

つぎに，同じ 100 通りのモデルに対して，2 自由度制御系のシミュレーションを行った．規範モデル M およびフィードフォワード制御器 Gff は設計 I と同じものを用いた．結果を図 **6.26** に示す．図 **6.23** と比較して，出力 y のばらつきが抑えられている．また，すべての応答が仕様を満たしている．

相補感度関数は図 **6.27** に示すように，一点鎖線で示される仕様を若干満たしていない領域が存在する．図 **6.19** に比べて，広帯域化が図られ，その結果として，図 **6.26** に示す目標値応答特性が向上したといえる．

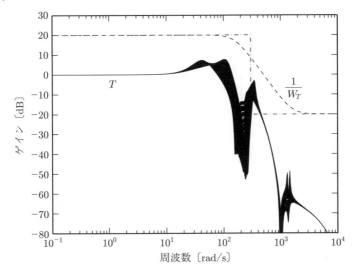

図 **6.27** 相補感度関数のゲイン線図（設計 II）

6.6.6 設計 III（実数の構造的摂動＋ロバスト性能）

設計 II では，j_3 と k_a の摂動を直接取り扱った．これらは，実数の摂動であるが，D–K イタレーションを用いる関係から，複素数の摂動と見なして制御器を設計した．設計 II では，その際に生じる保守性を回避するために，j_3 と k_a の摂動幅を小さく見積もったため，制御器が求まった後に，シミュレーションによる検証が欠かせない．また，シミュレーションの結果，当初想定していたロバスト安定性やロバスト性能が満たされない場合には，設計時の摂動幅を変更して設計を繰り返す，といったことが必要になる．

じつは，RCTではR2009aから実数の摂動がある場合のμ設計が行えるようになっている。このようなケースでは，実数の摂動と複素数の摂動が混合した問題となることから[†]，**混合μ設計**（mixed μ synthesis）と呼ばれる[27]。

混合μ設計では，D–K イタレーションのかわりにD, G–K イタレーションが用いられる。実数の摂動に対する保守性を取り除くために，新たなスケーリング行列Gが導入されているが，そのアルゴリズムの詳細は本書の範囲を超えるので省略する。詳しくは文献28)などを参照されたい。RCTでは`dksyn`のオプションによってD, G–K イタレーションが選択できる。

それでは，混合μ設計を行う。まず，**実行 6.20** において，`scl=1` として，実際の摂動幅でモデル集合 `Ppert` を定義する。`Wt` および `Weps` は設計 II と同じものを用い，外乱抑圧特性に関する重み関数 `Wps` は，数度の試行錯誤を経て，**実行 6.25** のように決めた。

■実行 6.25
```
Wps  = tf([1/50 1],[1 1e-3])*500
```

混合μ設計では，`Ppert` を定義する際に，実際の摂動幅を仮定しているのにもかかわらず，外乱抑圧特性に関する重み関数のゲインを 500 まで大きくできることに注意する。

以上の準備のもと，**実行 6.23** とほぼ同様にしてμ制御器を求めるが，一つだけ異なるのが，オプションの定義である。**実行 6.26** のようにして，`MixedMU` オプションを `on` にすることで，D–K イタレーションのかわりにD, G–K イタレーションが実行される。

■実行 6.26
```
dkitopt = dksynOptions('DisplayWhileAutoIter','on',...
    'MixedMU','on',...
    'NumberOfAutoIterations',8,...
    'FrequencyVector',logspace(1,4,200));
```

実行結果を**実行 6.27** に示す。

[†] 摂動が実数だけであっても，ロバスト性能を考えるときに，図 6.10 に示したように複素数の摂動である仮想摂動 Δ_F が導入されるため，混合摂動となる。

■ 実行 6.27

```
Iteration Summary
------------------------------------------------------------
Iteration #             4       5       6       7       8
Controller Order       23      23      21      31      33
Total D-Scale Order    10      10      10      20      20
Gamma Acheived      3.945   3.053   5.191   5.323   1.075
Peak mu-Value       2.997   2.167   1.055   0.998   0.868
```

8回のイタレーションを経て，μ が 0.868 となる制御器が求まった。図 **6.28** に得られた μ 制御器のボード線図を実線で示す。設計 II に比べて，さらにハイゲインな制御器が得られていることから，制御性能の向上が期待できる。

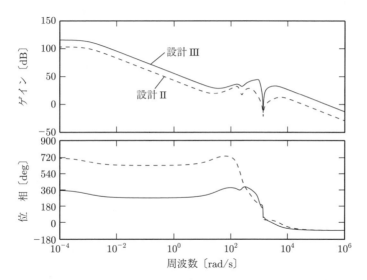

図 **6.28** μ 制御器のボード線図 (破線：設計 II, 実線：設計 III)

外乱抑圧特性 $M = P/(1 + PK)$ に対するロバスト性能を調べるため，ランダムに生成した 100 通りの制御対象に対して，M のゲイン線図を求めた。結果を図 **6.29** に示すが，すべてのゲイン特性が重み関数の逆数よりも下側に周波数整形されていることから，ロバスト性能が満たされている。

つぎに，同じ 100 通りのモデルに対して，2 自由度制御系のシミュレーションを行った。規範モデル M およびフィードフォワード制御器 Gff は設計 I と同

174　　6. μ 設 計 法

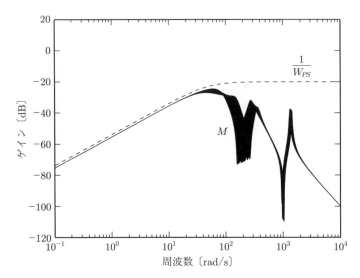

図 6.29　ロバスト性能の確認（設計 III）

じものを用いた．結果を図 6.30 に示す．図 6.26 と比較して，出力 y のばらつきがさらに抑えられており，仕様も満たされていることがわかる．

相補感度関数については，図 6.31 に示すように，一点鎖線で示される仕様

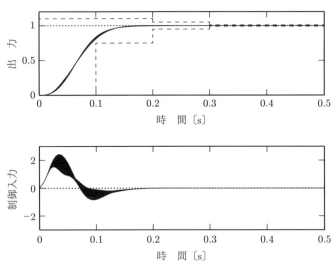

図 6.30　2 自由度制御系の応答（設計 III，上段：出力 y，下段：入力 u）

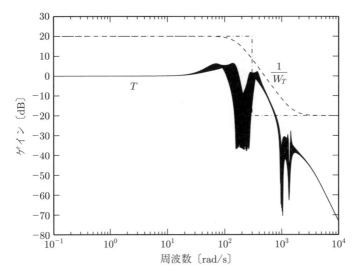

図 6.31 相補感度関数のゲイン線図（設計 III）

を満たしていない領域が多く存在する．このことから，図 6.27 に比べて，さらに広帯域化が図られ，その結果として，図 6.30 に示すように目標値応答特性が向上したといえる．

D, G–K イタレーションによる混合 μ 設計は，実数の摂動を複素数の摂動と見なして設計を行う D–K イタレーションに比べて保守性が少なく，この例のように実際の摂動幅を仮定しても，高いロバスト性能が得られることがわかる．

A. 線形システムの基礎

付録 A では，ロバスト制御理論を理解するために必要となる，線形システムの基礎について簡潔にまとめた．また，対応する MATLAB 関数についても紹介する．

A.1 システムの表現

A.1.1 線形時不変システム

本書では，入力によって出力が決まる**動的システム**（dynamical system）を**システム**（system）と呼ぶことにする．そして，入出力の間に**重ね合わせの理**（principle of superposition）[†]が成り立つシステムを**線形システム**（linear system）と呼ぶ．さらに，線形システムの中で，その特性が時間とともに変わらないシステムを**線形時不変システム**（linear time-invariant system）と呼ぶ．線形時不変システムは，英語の頭文字をとって LTI システムとも呼ばれる．本書では，特に断りのない限り，LTI システムを対象としている．

A.1.2 伝達関数

（1） 1 入出力システムの場合　　1 入出力システム（single-input and single-output system: SISO system）の伝達関数を，つぎのように定義する（**定義 A.1**）．

【定義 A.1】 伝達関数　　入力信号 $u(t)$ のラプラス変換 $u(s) = \mathcal{L}[u(t)]$ と，出

[†] システムへ信号 $x_1(t)$ を入力したときの出力を $y_1(t)$，信号 $x_2(t)$ を入力したときの出力を $y_2(t)$ とする．このとき，$\alpha x_1 + \beta x_2$ を入力したときの出力が $\alpha y_1 + \beta y_2$ になるとき，重ね合わせの理が成り立つという．ただし，α, β は任意の非零の実数とする．

力信号 $y(t)$ のラプラス変換 $y(s) = \mathcal{L}[y(t)]$ の比

$$G(s) = \frac{y(s)}{u(s)} \tag{A.1}$$

を**伝達関数**（transfer function）と呼ぶ。入出力関係は伝達関数を使ってつぎのように表現できる。

$$y(s) = G(s)u(s)$$

伝達関数が**有理関数**（rational function）[†]で表されるシステムは**有限次元システム**（finite dimensional system），そうでないシステムは**無限次元システム**（infinite dimensional system）と呼ばれる。例えば，むだ時間システム $e^{-\tau s}$ はそのテイラー展開からわかるように，無限次元システムである。

有限次元システムの伝達関数 G は有理関数になるので，式 (A.2) のように表現できる。

$$G(s) = \frac{n(s)}{d(s)} \tag{A.2}$$

ただし，$n(s)$ と $d(s)$ は既約（共通因子を持たない）とする。このとき

- $G(s) = 0$ の根を**零点**（zero）と呼ぶ。零点は後で述べる無限遠点零点を除けば，$n(s) = 0$ の根に等しい。
- $d(s)$ を**特性多項式**（characteristic polynomial），$d(s) = 0$ を**特性方程式**（characteristic equation）と呼び，特性方程式の根を**極**（pole）と呼ぶ。

また，$n(s)$, $d(s)$ の次数により，G はつぎのように分類できる。ただし，deg( ) は多項式の次数を表すものとする。

- $\deg(n(s)) \leq \deg(d(s)) \Rightarrow G$ は**プロパ**（proper）
- $\deg(n(s)) > \deg(d(s)) \Rightarrow G$ は**インプロパ**（improper）または**非プロパ**

さらに，プロパな伝達関数はつぎのように分類できる。

- $\deg(n(s)) < \deg(d(s)) \Rightarrow G$ は**厳密にプロパ**（strictly proper）
- $\deg(n(s)) = \deg(d(s)) \Rightarrow G$ は**バイプロパ**（bi-proper）

ここで，$\deg(d(s)) - \deg(n(s))$ を**次数差**（relative degree）と呼ぶ。厳密にプロパならば正の次数差を持ち，バイプロパならば次数差は 0 である。

G が厳密にプロパであれば

$$\lim_{|s| \to \infty} G(s) = 0$$

[†] 分母と分子に多項式を持つ関数のことを有理関数という。

が成立することから，$s = \infty$ や $s = -\infty$ も零点となる。このような零点は**無限遠点零点**（infinity zero）と呼ばれる。また，非プロパな伝達関数を持つシステムは

$$\frac{s^2 + s + 1}{s + 1} = \frac{1}{s + 1} + s$$

のように微分要素 s が現れることから，基本的に物理的に実現できない。

伝達関数の集合としてよく使われる記号を，つぎのように定義する（**定義 A.2**）。なお，安定性については，A.2.1 項で説明する。

【**定義 A.2**】 伝達関数の集合

$\mathcal{RH}^2$ ：安定かつ厳密にプロパな実数の係数を持つ伝達関数の集合

$\mathcal{RH}^\infty$ ：安定かつプロパな実数の係数を持つ伝達関数の集合

【**例題 A.1**】 RC 回路　　図 **A.1** に示す RC 回路へ印加する電圧を $u(t)$，コンデンサ C の両端の電圧を $y(t)$ としたとき，$u(t)$ から $y(t)$ への伝達関数を求める。

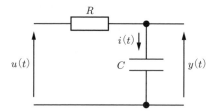

図 **A.1**　RC 回路

コンデンサ C に流れ込む電流を $i(t)$ として回路方程式を立てるとつぎの微分方程式を得る。

$$\left. \begin{array}{l} u(t) = Ri(t) + y(t) \\ i\ \ = C \dfrac{dy(t)}{dt} \end{array} \right\}$$

上記の第 2 式を第 1 式に代入して電流 $i(t)$ を消去すると次式を得る。

$$RC \frac{dy(t)}{dt} + y(t) = u(t)$$

上式の両辺をラプラス変換して $y(t)$ の初期値を 0 とおくと，u から y までの伝達関数はつぎのように求まる。

$$G = \frac{y(s)}{u(s)} = \frac{1}{RCs+1}$$

ただし，$y(s) = \mathcal{L}[y(t)]$, $u(s) = \mathcal{L}[u(t)]$

MATLAB を使うと，伝達関数を定義したり極や零点を求めることが簡単にできる．伝達関数 $P = (s+1)/(s+2)$ を定義し，その極と零点を求める例を**実行 A.1** に示す．

■ 実行 A.1

```
s = tf('s'); % ラプラス演算子 s を定義
P = (s+1)/(s+2);
pole(P) % 極
zero(P) % 零点
```

伝達関数は，ラプラス演算子 s を定義せずに，分母分子の多項式の係数を直接指定することで，**実行 A.2** のように定義することもできる．

■ 実行 A.2

```
P = tf([1,1],[1,2]);
```

（2）多入出力システムの場合　多入出力システム（multi-input and multi-output system: MIMO system）の場合，G は伝達関数ではなく，伝達関数を要素に持つ行列となる．これを**伝達行列**（transfer matrix）と呼び，つぎのように定義する（定義 A.3）．

【定義 A.3】 **伝達行列**　p 次元入力と q 次元出力のラプラス変換を

$$u(s) = \begin{bmatrix} u_1(s) \\ \vdots \\ u_p(s) \end{bmatrix}, \quad y(s) = \begin{bmatrix} y_1(s) \\ \vdots \\ y_q(s) \end{bmatrix}$$

で定義したとき，それらの関係は伝達行列 G を使ってつぎのように記述できる．

$$y(s) = G(s)u(s)$$

ただし

$$G(s) = \begin{bmatrix} g_{11}(s) & \cdots & g_{1p}(s) \\ \vdots & \ddots & \vdots \\ g_{q1}(s) & \cdots & g_{qp}(s) \end{bmatrix}$$

である。なお，多入力システムの場合，$u(s)$ はベクトルになるので，伝達行列を式 (A.1) のように分数の形で定義あるいは記述することはできないことに注意する。

MATLAB を使って，伝達関数を定義し，それを用いて伝達行列を定義するつぎのような例

$$G = \begin{bmatrix} \dfrac{1}{s+1} & \dfrac{1}{s+2} \\ \dfrac{1}{s+3} & \dfrac{1}{s+4} \end{bmatrix}$$

について，実行 **A.3** に示す。

■ 実行 **A.3**

```
s   = tf('s');
P11 = 1/(s+1);
P12 = 1/(s+2);
P21 = 1/(s+3);
P22 = 1/(s+4);
G   = [P11,P12;P21,P22];
```

多入出力システムを定義する場合は，**A.1.3** 項で述べる状態空間実現を使う場合が多い。伝達行列が必要な場合は，状態空間実現から伝達行列へ変換すればよい。

A.1.3 状態空間実現

多入出力システムの状態空間実現を，つぎのように定義する（**定義 A.4**）。

【**定義 A.4**】 **状態空間実現** LTI システムを 1 階微分方程式の行列形式として式 (A.3)，(A.4) で表現したものを**状態空間実現**（state-space realization）と呼ぶ。

$$\dot{x}(t) = Ax(t) + Bu(t) \tag{A.3}$$

$$y(t) = Cx(t) + Du(t) \tag{A.4}$$

ただし，$A \in \mathcal{R}^{n \times n}$，$B \in \mathcal{R}^{n \times p}$，$C \in \mathcal{R}^{q \times n}$，$D \in \mathcal{R}^{q \times p}$，および

$$x(t) = \begin{bmatrix} x_1(t) \\ \vdots \\ x_n(t) \end{bmatrix}, \quad u(t) = \begin{bmatrix} u_1(t) \\ \vdots \\ u_p(t) \end{bmatrix}, \quad y(t) = \begin{bmatrix} y_1(t) \\ \vdots \\ y_q(t) \end{bmatrix}$$

である。ここで，式 (A.3) を**状態方程式**（state-space equation），式 (A.4) を**出力方程式**（output equation），$x_i(t)$ を**状態**（state）または**状態変数**（state variable），

$x(t)$ を状態ベクトル (state variable),$u(t)$ を入力 (input),$y(t)$ を出力 (output) と呼ぶ。

【例題 A.2】 バネ–マス–ダンパ系の伝達関数と状態空間実現 図 **A.2** に示すバネ–マス–ダンパ系の運動方程式は式 (A.5) となる。

$$m\ddot{p}(t) + c\dot{p}(t) + kp(t) = f(t) \tag{A.5}$$

ただし,m は質量,c は粘性摩擦係数,k はバネ定数とし,$p(t)$ は質点の変位,$f(t)$ は質点に作用する力を表すものとする。

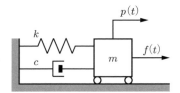

図 **A.2** バネ–マス–ダンパ系

式 (A.5) をラプラス変換して初期値を 0 とおくと

$$(ms^2 + cs + k)p(s) = f(s)$$

を得る。ただし,$p(s) = \mathcal{L}[p(t)]$,$f(s) = \mathcal{L}[f(t)]$。したがって,$f(s)$ から $p(s)$ までの伝達関数は

$$\frac{p(s)}{f(s)} = \frac{1}{ms^2 + cs + k} \tag{A.6}$$

となる。

一方,状態空間実現を求めるために,入力 u,出力 y および状態ベクトル $x = [x_1, x_2]^T$ の要素を

$$u = f, \quad y = p, \quad x_1 = p, \quad x_2 = \dot{p}$$

で与えると,状態方程式と出力方程式は式 (A.7),(A.8) のようになる。

$$\begin{bmatrix} \dot{x}_1 \\ \dot{x}_2 \end{bmatrix} = \begin{bmatrix} 0 & 1 \\ -\dfrac{k}{m} & -\dfrac{c}{m} \end{bmatrix} \begin{bmatrix} x_1 \\ x_2 \end{bmatrix} + \begin{bmatrix} 0 \\ \dfrac{1}{m} \end{bmatrix} u \tag{A.7}$$

$$y = \begin{bmatrix} 1 & 0 \end{bmatrix} x + \begin{bmatrix} 0 \end{bmatrix} u \tag{A.8}$$

MATLAB では，バネ–マス–ダンパ系の状態空間実現は，**実行 A.4** のようにして定義できる。ただし，この例では $m=1$, $k=1$, $c=1$ と仮定した。

■ 実行 A.4

```
m = 1;
k = 1;
c = 1;
A = [0,1;-k/m,-c/m];
B = [0;1/m];
C = [1,0];
D = 0;
P = ss(A,B,C,D);
```

伝達関数 G の状態空間実現は唯一ではなく，自由度がある。今，新しい状態ベクトル z を式 (A.9) で定義する。

$$z(t) = T^{-1}x(t), \quad |T| \neq 0 \tag{A.9}$$

$x = Tz$ を式 (A.3)，(A.4) に代入して整理すると式 (A.10)，(A.11) に示す別の状態空間実現を得る。

$$\dot{z} = T^{-1}ATz + T^{-1}Bu \tag{A.10}$$

$$y = CTz + Du \tag{A.11}$$

この変換を**相似変換**（similar transformation）と呼ぶ。

MATLAB では，**実行 A.5** のようにして相似変換できる。

■ 実行 A.5

```
sys2 = ss2ss(sys1,T);
```

ただし，`ss2ss` の相似変換行列 `T` は，式 (A.9) の T^{-1} に対応するので注意が必要である。式 (A.9) で定義した T と合わせるのであれば，**実行 A.6** のようにする必要がある。ただし，`inv(T)` は `T` の逆行列を求める関数である。

■ 実行 A.6

```
sys2 = ss2ss(sys1,inv(T));
```

A.1.4　伝達関数と状態空間実現の関係

伝達関数と状態空間実現との関係を明らかにするために，状態方程式および出力方程式をラプラス変換して伝達関数を求める。状態ベクトルのラプラス変換を各要素のラプラス変換として

$$x(s) = \mathcal{L}\left\{\begin{bmatrix} x_1(t) \\ \vdots \\ x_n(t) \end{bmatrix}\right\} := \begin{bmatrix} \mathcal{L}[x_1(t)] \\ \vdots \\ \mathcal{L}[x_n(t)] \end{bmatrix} = \begin{bmatrix} x_1(s) \\ \vdots \\ x_n(s) \end{bmatrix}$$

で定義すれば，状態方程式のラプラス変換は式 (A.12) となる．

$$sx(s) - x_0 = Ax(s) + Bu(s) \tag{A.12}$$

ただし，x_0 は $x(t)$ の初期値，$u(s) = \mathcal{L}[u(t)]$ と定義した．

式 (A.12) を $x(s)$ について解き，$x_0 = 0$ とおけば式 (A.13) を得る．

$$x(s) = (sI - A)^{-1} Bu(s) \tag{A.13}$$

一方，$y(s) = \mathcal{L}[y(t)]$ を定義すれば，出力方程式のラプラス変換は式 (A.14) となる．

$$y(s) = Cx(s) + Du(s) \tag{A.14}$$

式 (A.13) を式 (A.14) に代入することで

$$y(s) = \left[C(sI - A)^{-1}B + D\right]u(s)$$

を得る．したがって，$u(s)$ から $y(s)$ までの伝達関数，あるいは伝達行列は式 (A.15) となる．

$$G = C(sI - A)^{-1}B + D \tag{A.15}$$

状態空間実現の伝達関数表現については，記述を簡単にするため，式 (A.16) のような表現形式がよく知られる．

$$\begin{aligned} G &= C(sI - A)^{-1}B + D \\ &=: (A, B, C, D) \\ &=: \left[\begin{array}{c|c} A & B \\ \hline C & D \end{array}\right] \end{aligned} \tag{A.16}$$

式 (A.16) の表現形式は，**ドイルの記号法** (Doyle's notation) とも呼ばれる．式 (A.16) において行列を分割する線は点線ではなく，実線が使われることに注意する．

状態方程式の簡潔な表現として式 (A.17) も知られるが，ドイルの記号法と混同しないよう注意する．

$$\begin{bmatrix} \dot{x} \\ y \end{bmatrix} = \begin{bmatrix} A & B \\ C & D \end{bmatrix} \begin{bmatrix} x \\ u \end{bmatrix} \tag{A.17}$$

式 (A.17) は，状態方程式と出力方程式を行列を使ってコンパクトに表現したにすぎず，伝達関数とは無関係である。

MATLAB では，実行 A.7 のようにして状態空間実現（ss 形式）と伝達関数（tf 形式）の間の相互変換を行ったり，状態空間実現の各行列 A, B, C, D を取り出すことができる。この例では，伝達関数を $P = (s+2)/(3s+4)$ と与えた。

■ 実行 A.7
```
P   = tf([1,2],[3,4]);
Pss = ss(P);      % tf 形式から ss 形式へ
Ptf = tf(Pss);  % ss 形式から tf 形式 へ
[a,b,c,d] = ssdata(Pss); % Pss から A,B,C,D 行列を取り出す
a = Pss.a; % Pss から A 行列だけ取り出す場合
c = Pss.c; % Pss から C 行列だけ取り出す場合
```

実行 A.7 からわかるように，MATLAB はシステムの特性を伝達関数または状態空間実現のどちらかで保存している。システムどうしの演算（直列結合や並列結合，フィードバック結合など）を行う際は，状態空間実現のほうが数値計算上の問題が生じにくいので，早い段階で状態空間実現へ変換しておくのが望ましい。

A.2 システムの解析

A.2.1 安 定 性

制御系が良好な性能を発揮するためには，まず，制御系が安定でなければならない。以下，安定性について，簡潔にまとめておく（定義 A.5）。

【定義 A.5】入出力安定性 システムにあらゆる有界な入力を加えたときに，つねに有界な出力が得られるとする。このとき，システムは**入出力安定** (bounded-input bounded-output stable, BIBO stable)，あるいは，単に**安定** (stable) という。

システムが安定であるためには「あらゆる有界な入力」に対して出力が有界にならなければならないことに注意する。例えば，システム

$$P = \frac{1}{s^2 + 1}$$

に有界入力であるステップ入力を加えたときの出力は

$$y(t) = \mathcal{L}^{-1}\left[\frac{1}{s^2+1}\frac{1}{s}\right]$$

$$= \mathcal{L}^{-1}\left[\frac{1}{s} - \frac{s}{s^2+1}\right]$$
$$= 1 - \cos t$$

のように有界となり発散しない．ところが，余弦波 $u(t) = \cos t$ を入力すると

$$y(t) = \mathcal{L}^{-1}\left[\frac{1}{s^2+1}\frac{s}{s^2+1}\right]$$
$$= \mathcal{L}^{-1}\left[\frac{s}{(s^2+1)^2}\right]$$
$$= \frac{1}{2}t\sin t$$

のように出力は発散する．このように，ある特定の有界入力に対して出力が有界になったからといって，安定とは限らない．

さて，システムの伝達関数が G で与えられているとき，よく知られるように，**定理 A.1** が成り立つ．

【定理 A.1】 伝達関数の安定性　システムが入出力安定となるための必要十分条件は G のすべての極の実部が負となることである．

便宜上，G の極の中で，実部が負のものを**安定極**（stable pole），実部が非負のものを**不安定極**（unstable pole）と呼ぶことにする．

一方，状態空間実現されたシステムに対する安定性として，**定義 A.6** に示す漸近安定性が知られる．

【定義 A.6】 漸近安定性　システムの状態方程式が

$$\dot{x}(t) = Ax(t) + Bu(t)$$

で与えられるとき，$u(t) = 0$ のもとで，任意の初期状態 $x(0)$ に対して

$$\lim_{t\to\infty} x(t) = 0$$

が成り立てば，システムは**漸近安定**（asymptotically stable）であるという．

システムが漸近安定かどうかは，**定理 A.2** を使って判定できる．

【定理 A.2】 漸近安定性　システムが漸近安定となるための必要十分条件は，A のすべての固有値の実部が負になることである．

便宜上，A の固有値の中で実部が負のものを**安定固有値**（stable eigenvalue），非負のものを**不安定固有値**（unstable eigenvalue）と呼ぶことにする．また，A のすべての固有値が安定固有値であるとき，A を**安定行列**（stable matrix）と呼ぶことにする．

MATLAB で A 行列の固有値を求めるには，**実行 A.8** のようにする．

■ 実行 A.8

```
eig(A)
```

さて，前述したように，状態空間実現と伝達関数との間には

$$G = C(sI - A)^{-1}B + D$$

の関係があるが，G が安定であっても，その状態空間実現は漸近安定にはならないケースがあるので注意する．具体的には，A の中に不安定固有値を持っても，それが G の不安定極として現れないケースがある（**例題 A.3**）．

【例題 A.3】 つぎのようなシステムを考える．

$$\dot{x}(t) = Ax(t) + Bu(t)$$
$$y(t) = Cx(t)$$

ただし

$$A = \begin{bmatrix} -1 & 0 \\ 0 & 2 \end{bmatrix}, \quad B = \begin{bmatrix} 1 \\ 1 \end{bmatrix}, \quad C = \begin{bmatrix} 1 & 0 \end{bmatrix}$$

である．

A は対角行列よりその固有値は -1 と 2 であることが直ちにわかるので，システムは漸近安定ではない．ところが，伝達関数を計算すると

$$G = C(sI - A)^{-1}B = \frac{(s-2)}{(s+1)(s-2)} = \frac{1}{s+1}$$

のように不安定極 $s = 2$ は零点で相殺され，結果的に安定極 $s = -1$ だけが残るので G は不安定極を持たなくなる．

G の安定性と状態空間実現の安定性の等価性を議論するためには，**A.2.2 項**，**A.2.3 項**で述べる可制御性および可観測性の説明を待たなければならない．

A.2.2 可 制 御 性

まず，可制御性の定義を述べる（**定義 A.7**）．

A.2 システムの解析

【定義 A.7】 可制御性　状態方程式

$$\dot{x}(t) = Ax(t) + Bu(t)$$

で表されるシステムを考える。

このとき，任意の初期状態 $x(0) = x_0$ を任意の終端状態 x_f へ有限の時間 $t_f > 0$ で持っていく，つまり，$x(t_f) = x_f$ とする入力 $u(t)$ が存在するとき，システムは**可制御**（controllable），あるいは，(A, B) は可制御という。また，そうでない場合を**不可制御**（uncontrollable）という。

可制御性を判定するために，定理 A.3 が知られる。

【定理 A.3】 以下は等価である。

① (A, B) は可制御である。

② 次式で定義される**可制御性行列**（controllability matrix）は行フルランクとなる。

$$\begin{bmatrix} B, & AB, & \cdots & A^{n-1}B \end{bmatrix}$$

③ つぎの行列 (A.18) は任意の $\lambda \in \mathcal{C}$ に対して行フルランクとなる。

$$\begin{bmatrix} A - \lambda I & B \end{bmatrix} \tag{A.18}$$

④ $A + BF$ の固有値を任意に配置する F が存在する。

λ が A の固有値でなければ $(A - \lambda I)$ は正則，つまり，フルランクになる。したがって，式 (A.18) のランクを落とす λ は必ず A の固有値になる。このとき，式 (A.18) のランクを落とす λ のことを**不可制御モード**（uncontrollable mode）という。一方，ランクを落とさない A の固有値 λ を**可制御モード**（controllable mode）という。

システムの A, B 行列が

$$A = \begin{bmatrix} 1 & 2 \\ 3 & 4 \end{bmatrix}, \quad B = \begin{bmatrix} 1 \\ 1 \end{bmatrix}$$

のように具体的に与えられているとき，MATLAB では**実行 A.9** のようにして可制御性が判定できる。

■ 実行 A.9

```
A = [1,2;3,4];
```

```
B = [1;1];
Co = ctrb(A,B); % 可制御性行列の演算
rank(Co)
```

システムが不可制御であっても，行列 A のすべての不安定固有値が (A,B) の可制御モードであれば，$A+BF$ を安定行列にする F が存在する．このような場合を**可安定**（stabilizable）と定義すると，**定理 A.4** を得る．

【定理 A.4】 可安定性 以下は等価である．

① (A,B) は可安定である．

② 任意の閉右半平面の $\lambda \in \mathcal{C}$ に対して式 (A.18) は行フルランクとなる．

③ $A+BF$ を安定行列にする F が存在する．

可制御であれば可安定であるが，可安定だからといって可制御とは限らない．しかし，システムの安定化だけが目的であれば，可安定であればよい．

A.2.3 可観測性

まず，可観測性の定義を述べる（**定義 A.8**）．

【定義 A.8】 可観測性 状態空間実現

$$\dot{x}(t) = Ax(t) + Bu(t), \quad y(t) = Cx(t) + Du(t)$$

で表されるシステムを考える．

このとき，有限区間 $t \in [0, t_f]$ の入力 $u(t)$ と出力 $y(t)$ から，初期状態 $x(0)$ を一意に決定できるとき，システムは**可観測**（observable），あるいは，(C,A) は可観測という．また，そうでない場合を**不可観測**（unobservable）という．

可観測性を判定するために，**定理 A.5** が知られる．

【定理 A.5】 以下は等価である．

① (C,A) は可観測である．

② 次式で定義される**可観測性行列**（observability matrix）は列フルランクとなる．

$$\begin{bmatrix} C \\ CA \\ \vdots \\ CA^{n-1} \end{bmatrix}$$

③ つぎの行列は任意の $\lambda \in \mathcal{C}$ に対して列フルランクとなる．

$$\begin{bmatrix} A - \lambda I \\ C \end{bmatrix} \qquad (A.19)$$

④ $A + LC$ の固有値を任意に配置する L が存在する．

⑤ (A^T, C^T) は可制御である．

可制御性のときの説明と同様に，式 (A.19) のランクを落とす λ は必ず A の固有値になる．このとき，式 (A.19) のランクを落とす λ のことを**不可観測モード**（unobservable mode）という．一方，ランクを落とさない A の固有値 λ を**可観測モード**（observable mode）という．

システムの A, C 行列が具体的に

$$A = \begin{bmatrix} 1 & 2 \\ 3 & 4 \end{bmatrix}, \quad C = \begin{bmatrix} 1 & 1 \end{bmatrix}$$

のように与えられているとき，MATLAB では**実行 A.10** のようにして可観測性が判定できる．

■ 実行 A.10
```
A = [1,2;3,4];
C = [1,1]
Ob = obsv(A,C); % 可観測性行列の演算
rank(Ob)
```

システムが不可観測であっても，行列 A のすべての不安定固有値が (C, A) の可観測モードであれば，$A + LC$ を安定行列にする L が存在する．このような場合を**可検出**（detectable）と定義すると，**定理 A.6** を得る．

【定理 A.6】 **可検出性**　　以下は等価である．

① (C, A) は可検出である．

② 任意の閉右半平面の $\lambda \in \mathcal{C}$ に対して式 (A.19) は列フルランクとなる．

③ $A + LC$ を安定行列にする L が存在する．

④ (A^T, C^T) は可安定である。

可観測であれば可検出であるが，可検出だからといって可観測とは限らない。

A.2.4 多入出力システムの零点

多入出力システムでは，例えば

$$G = \begin{bmatrix} \dfrac{1}{s+1} & \dfrac{s+5}{s+2} \\ \dfrac{2}{s+3} & \dfrac{3}{s+4} \end{bmatrix}$$

において，$(1,2)$ 要素は $s = -5$ に零点を持つが，物理的にはあまり意味を持たない。多入出力システムの零点を定義するために，その準備としてつぎの概念を定義する（定義 A.9）。

【定義 A.9】 正規ランク 各要素に $s \in \mathcal{C}$ の有理関数または多項式を持つ行列を $S(s)$ で定義する。このとき，すべての $s \in \mathcal{C}$ に対する $S(s)$ の最大ランクを**正規ランク**（normal rank）という。

このとき，つぎの零点が知られる。

（1）伝達零点 伝達行列 $G(s)$ の正規ランクを r とする。このとき

$$\mathrm{rank}\,[G(z)] < r$$

とする $z \in \mathcal{C}$ のことを**伝達零点**（transmission zero）と呼ぶ。また，$G(z) = 0$ とする z を**ブロッキング零点**（blocking zero）と呼ぶ。

（2）不変零点 **システム行列**（system matrix）と呼ばれるつぎの行列を定義する。

$$P_{sys}(s) = \begin{bmatrix} A - sI & B \\ C & D \end{bmatrix}$$

そして，$P_{sys}(s)$ の正規ランクを r としたとき

$$\mathrm{rank}\,[P_{sys}(z)] < r$$

とする z のことを**不変零点**（invariant zero）と呼ぶ。MATLAB では不変零点は実行 A.11 のようにして計算できる。

■ 実行 A.11

```
tzero(sys)
[z,nrank] = tzero(sys); % 正規ランクを nrank に返す場合
```

不変零点について，以下のことが知られる。
① 伝達零点を含む。また，伝達行列の状態空間実現が最小実現[†]のときは，伝達零点と不変零点は一致する。
② A の不可制御モード，あるいは不可観測モードの一部は不変零点となる。

上記 ② について少し補足する。まず，A の不可制御モードあるいは不可観測モードは，伝達関数にしたとき極零相殺されて伝達関数には現れないことが知られる。例えば，A が -1 と -2 に固有値を持ち，-2 が不可制御モードとなるシステムを伝達関数に直すと

$$P = \frac{1}{s+1}$$

のようになる。ここで，極零相殺される -2 の極をあえて表現すると

$$P = \frac{s+2}{(s+1)(s+2)}$$

となる。このとき，-2 の極を相殺するために現れる -2 の零点が不変零点に対応する。

A.3 基本的なフィードバック制御系

フィードバック制御系の基礎的事項について要点をまとめておく。なお，本節では説明を簡単にするため，制御対象は 1 入出力系であると仮定する。

A.3.1 フィードバック制御系の適切さ

図 A.3 の制御系は直結フィードバック制御系（unity feedback control system）と

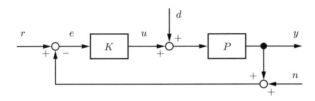

図 A.3　直結フィードバック制御系

---
† 状態空間実現が可制御かつ可観測のとき，最小実現という。

呼ばれ，最も基本的なフィードバック制御系である．

ここで，すべての外生信号 r, d, n から閉ループ内の信号 y, u, e までの伝達行列を求めると，式 (A.20) となる．

$$\begin{bmatrix} y \\ u \\ e \end{bmatrix} = \begin{bmatrix} \dfrac{PK}{1+PK} & \dfrac{P}{1+PK} & \dfrac{-PK}{1+PK} \\ \dfrac{K}{1+PK} & \dfrac{-PK}{1+PK} & \dfrac{-K}{1+PK} \\ \dfrac{1}{1+PK} & \dfrac{-P}{1+PK} & \dfrac{-1}{1+PK} \end{bmatrix} \begin{bmatrix} r \\ d \\ n \end{bmatrix} \quad \text{(A.20)}$$

式 (A.20) の伝達行列は全部で 9 個の伝達関数を要素に持つが，それらは，つぎに示す 4 種類の伝達関数から構成される．

$$\frac{1}{1+PK},\quad \frac{P}{1+PK},\quad \frac{K}{1+PK},\quad \frac{PK}{1+PK} \quad \text{(A.21)}$$

これらの伝達関数が定義できるためには，「$1+PK$ が恒等的に 0 でない」という条件が必要となる．さらに，閉ループ系として意味をなすためには式 (A.21) のすべての伝達関数がプロパでなければならない．そこで，フィードバック制御系の**適切さ** (well-posedness) を定義する（**定義 A.10**）．

【定義 A.10】 フィードバック制御系の適切さ フィードバック制御系のすべての閉ループ伝達関数が定義でき，かつプロパであるとき，フィードバック制御系は**適切** (well-posed) という．

フィードバック制御系が well-posed となるための必要十分条件は，$1+P(\infty)K(\infty) \neq 0$ となることが知られている．制御対象 P が厳密にプロパならば，$P(\infty)=0$ を満たすので，フィードバック制御系は well-posed となる．本書でも，全体を通して制御対象は厳密にプロパであると仮定している．

A.3.2 内部安定性

フィードバック制御系の安定性を説明するために，図 **A.3** において，$P=1/(s-1)$，$K=(s-1)/(s+3)$ の場合を考える．このとき，r から y までの伝達関数 G_{yr} は次式のように安定となる．

$$G_{yr} = \frac{1}{s+4}$$

このことから，図 **A.3** のフィードバック制御系は安定であるといってよいのだろうか．そこで今度は d から y までの伝達関数 G_{yd} を求める．すると

$$G_{yd} = \frac{s+3}{(s-1)(s+4)}$$

のように明らかに不安定になる．$d=0$ であれば y は発散しないと考えるのは危険である．実際の制御系では，外乱がつねに 0 であることはありえないので，出力 y は発散してしまう．したがって，図 **A.3** のフィードバック制御系の安定性を考えるとき，目標値から出力までの伝達関数 $PK/(1+PK)$ の安定性（入出力安定性）だけでは不十分である．このような状況は，P と K の間の不安定な極零相殺があると起こる（この例では P の不安定極 $s=1$ と K の不安定零点 $s=1$ が相殺される）．

そこで，フィードバック制御系における新しい安定性の概念を導入する（**定義 A.11**）．

【定義 A.11】 内部安定　　フィードバック制御系のすべての外生信号から内部信号までの伝達関数が安定のとき，フィードバック制御系は**内部安定** (internally stable) であるという．

定義 **A.11** に従えば，図 **A.3** のフィードバック制御系の場合，式 (A.21) の四つの伝達関数がすべて安定であれば，内部安定となる．フィードバック制御系が内部安定のとき，すべての有界な外生信号に対して閉ループ内の信号が有界になることが保証される．また，内部安定の条件は，P の状態変数を x_p，K の状態変数を x_k としてすべての外生信号を 0 と仮定したときに，任意の初期状態 $x_p(0)$, $x_k(0)$ がつねに原点に収束することと等価となることが知られている．

B. 線形分数変換

H_∞制御やμ設計法では,摂動を持つシステムの表現や制御器によるフィードバック制御系の構成に**線形分数変換**(linear fractional transformation) がよく使われる。線形分数変換は linear fractional transformation の頭文字をとって LFT と略されることが多い。付録 B では,LFT について簡単にまとめる。

B.1 準備

まず,2 種類の入力 u_1, u_2 と 2 種類の出力 y_1, y_2 を持つシステムを式 (B.1) で定義する。

$$\begin{bmatrix} y_1 \\ y_2 \end{bmatrix} = M \begin{bmatrix} u_1 \\ u_2 \end{bmatrix} \tag{B.1}$$

ただし

$$M = \begin{bmatrix} M_{11} & M_{12} \\ M_{21} & M_{22} \end{bmatrix} \tag{B.2}$$

(a) 2 ポートシステム

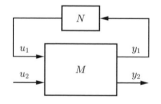

(b) 上側線形分数変換(upper LFT)

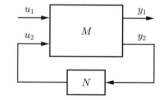

(c) 下側線形分数変換(lower LFT)

図 **B.1** 線形分数変換

である。なお，u_1, u_2, y_1, y_2 はスカラである必要はなく，ベクトルであってもよい。これらがベクトルであれば，それに合わせて，M_{ij} ($i = 1, 2$, $j = 1, 2$) も伝達行列となる。このように，2 種類の入力と 2 種類の出力を持つシステム M は **2 ポートシステム**（two-port system）と呼ばれることがある〔図 **B.1**(a)〕。

B.2　上側線形分数変換（upper LFT）

図 **B.1**(b) に示すように，M の上側を伝達関数 N で閉じ，そのときの u_2 から y_2 までの閉ループ伝達関数 $G_{y_2 u_2}$ を求めると，式 (B.3) または (B.4) となる。

$$G_{y_2 u_2} = [M_{22} + M_{21} N (I - M_{11} N)^{-1} M_{12}] \tag{B.3}$$

$$= [M_{22} + M_{21} (I - N M_{11})^{-1} N M_{12}] \tag{B.4}$$

このとき，$G_{y_2 u_2}$ を $\mathcal{F}_u(M, N)$ と書き，M の N による**上側線形分数変換**（upper LFT）という。なお，式 (B.3) と式 (B.4) の等価性は行列公式

$$X(I - YX)^{-1} = (I - XY)^{-1} X \tag{B.5}$$

による。

upper LFT は N を摂動に選ぶことで，摂動を持つシステムの表現に使われることが多い。

B.3　下側線形分数変換（lower LFT）

図 **B.1**(c) に示すように，M の下側を伝達関数 N で閉じ，そのときの u_1 から y_1 までの閉ループ伝達関数 $G_{y_1 u_1}$ を求めると，式 (B.6) または (B.7) となる。

$$G_{y_1 u_1} = [M_{11} + M_{12} N (I - M_{22} N)^{-1} M_{21}] \tag{B.6}$$

$$= [M_{11} + M_{12} (I - N M_{22})^{-1} N M_{21}] \tag{B.7}$$

このとき，$G_{y_1 u_1}$ を $\mathcal{F}_l(M, N)$ と書き，M の N による**下側線形分数変換**（lower LFT）という。

lower LFT は N を制御器に選ぶことで，制御器によるフィードバック結合の表現に使われることが多い。

B.4 LFT の表現自由度

LFT は，フィードバック結合を含むさまざまな結合を表現する能力がある．例えば，図 **B.2**(a) の伝達関数の並列結合は LFT を使って図 **B.2**(b) のように表現できる．したがって，M_a を

$$M_a = \begin{bmatrix} G_1 & 1 \\ 1 & 0 \end{bmatrix}$$

と選べば

$$\mathcal{F}_l(M_a, G_2) = G_1 + G_2$$

が成り立つ．

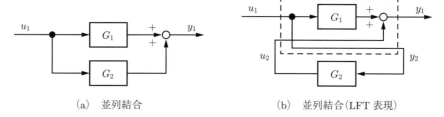

(a) 並列結合　　　　(b) 並列結合（LFT 表現）

図 **B.2**　並列結合の LFT 表現

図 **B.3** に示す直列結合も同様である．

$$M_m = \begin{bmatrix} 0 & 1 \\ G_1 & 0 \end{bmatrix}$$

に対して

$$\mathcal{F}_l(M_m, G_2) = G_2 G_1$$

が成り立つ．

図 **B.4** に示すフィードバック結合については

$$M_{fb} = \begin{bmatrix} G_1 & -G_1 \\ G_1 & -G_1 \end{bmatrix}$$

に対して

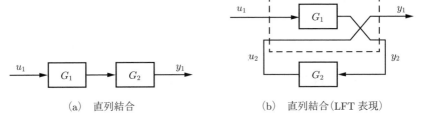

(a) 直列結合　　　　　　(b) 直列結合（LFT 表現）

図 **B.3**　直列結合の LFT 表現

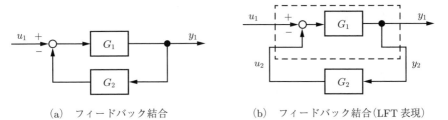

(a) フィードバック結合　　　　(b) フィードバック結合（LFT 表現）

図 **B.4**　フィードバック結合の LFT 表現

$$\mathcal{F}_l(M_{fb}, G_2) = \frac{G_1}{1 + G_1 G_2}$$

が成り立つ．このように，LFT は表現自由度が高い．

MATLAB で LFT を計算するには，**実行 B.1** のようにすればよい．

■ 実行 **B.1**

```
sys = lft(sys1,sys2)
```

もし，`sys1` の入出力の数が `sys2` のそれよりも少ない場合は upper LFT が，その逆であれば，lower LFT が計算される．

また，`lft` は LFT をさらに一般化した**スター積**（star product）も計算できる．スター積は図 **B.5** に示すように，G_1 の出力の一部 y_1 を G_2 の入力の一部 u_2 に加え，

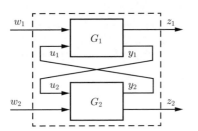

図 **B.5**　スター積

G_2 の出力の一部 y_2 を G_1 の入力の一部 u_1 へ加えたときの $[w_1^T, w_2^T]^T$ から $[z_1^T, z_2^T]^T$ までの閉ループ伝達関数を表す．スター積を計算するときの lft の使い方は**実行 B.2** のようになる．ここで，nu は u_1 のサイズ，ny は y_1 のサイズを表す．

■実行 B.2
```
sys = lft(sys1,sys2,nu,ny)
```

参考までに，図 **B.4**(a) のフィードバック結合は，MATLAB では**実行 B.3** のようにして計算できる．

■実行 B.3
```
G = feedback(G1,G2);
```

なお，フィードバック結合は，**実行 B.4** のように計算することもできるが，MATLAB では feedback 関数を使うことが推奨されている．

■実行 B.4
```
G = G1/(1+G1*G2)
```

実行 B.4 の方法では，G の次数が不用意に増加してしまうという問題が生じ，数値計算上適さない．簡単な例でこれを示す．

まず，伝達関数 G_1 と G_2 を

$$G_1 = \frac{1}{s+1}, \quad G_2 = \frac{1}{s+2}$$

と定めてそのフィードバック結合を求めると，**実行 B.5** のようになる．

■実行 B.5
```
>> s=tf('s');
>> G1=1/(s+1);
>> G2=1/(s+2);
>> G=feedback(G1,G2)

G =

      s + 2
  -------------
  s^2 + 3 s + 3
```
連続時間の伝達関数です．

一方，G = G1/(1+G1*G2) を計算すると，**実行 B.6** のように答えが異なる．

■ 実行 B.6

```
>> G=G1/(1+G1*G2)

G =

     s^2 + 3 s + 2
  ---------------------
  s^3 + 4 s^2 + 6 s + 3
```
連続時間の伝達関数です。

答えが異なる原因は，G = G1/(1+G1*G2) の場合，実行 B.7 に示すように，G の極と零点に同じ-1 を持つためである．最小実現を求める minreal を使って極零相殺を行うと，実行 B.7 に示すように伝達関数の分母および分子の次数がそれぞれ 1 次下がり，feedback を使った場合と同じ答えになる．

■ 実行 B.7

```
>> pole(G)

ans =

  -1.5000 + 0.8660i
  -1.5000 - 0.8660i
  -1.0000 + 0.0000i

>> zero(G)

ans =

    -2
    -1

>> minreal(G)

ans =

       s + 2
    -------------
    s^2 + 3 s + 3
```
連続時間の伝達関数です．

引用・参考文献

1) K. Glover and J.C. Doyle: State-space Formulae for All Stabilizing Controllers that Satisfy an H_∞–norm Bound and Relations to Risk Sensitivity, Systems & Control Letters, **11**[†], pp. 167〜172 (1988)
2) 電気学会「ナノスケールサーボ制御のための新しい制御技術共同研究委員会」HDD ベンチマーク問題 WG：HDD ベンチマーク問題 Ver. 3.1 http://hflab.k.u-tokyo.ac.jp/nss/MSS_bench.htm（2017 年 2 月現在）
3) 山口高司, 平田光男, 藤本博士ほか：ナノスケールサーボ制御, 東京電機大学出版局 (2007)
4) A. Packard and J. Doyle: The Complex Structured Singular Value, Automatica, **29**, 1, pp. 71〜109 (1993)
5) K.Z. Liu and T. Mita: Generalized H_∞ Control Theory, In Proc. of the 1992 American Control Conference, pp. 2245〜2249 (1992)
6) 美多 勉, 劉 康志, 栗山和信：虚軸上に極を持つ重みを許す H_∞ 制御系の設計, 計測自動制御学会論文集, **29**, 11, pp. 1320〜1329 (1993)
7) K. Zhou, J.C. Doyle, and K. Glover（劉　康志, 羅　正華 共訳）：ロバスト最適制御, コロナ社 (1997)
8) 岩崎徹也：LMI と制御, 昭晃堂 (1997)
9) 劉　康志：線形ロバスト制御, コロナ社 (2002)
10) 美多 勉：H_∞ 制御, 昭晃堂 (1994)
11) J.C. Doyle, B.A. Francis, and A.R. Tannenbaum（藤井隆雄 監訳）：フィードバック制御の理論—ロバスト制御の基礎理論—, コロナ社 (1996)
12) 松原　厚：精密位置決め・送り系設計のための制御工学, 森北出版 (2008)
13) 穂高一条, 鈴木正之, 坂本　登：指定されたゲイン余裕と位相余裕を確保するコントローラの設計, 計測自動制御学会論文集, **35**, 4, pp. 577〜579 (1999)
14) 不破勝彦, 加藤弘幸, 神藤　久：円条件を考慮したロバスト制御系の一構成法〜振動制御系への応用〜, 電気学会論文誌 C, **123**, 12, pp. 2133〜2141 (2003)
15) 平田光男, 飯野郁与, 安達和孝, 金子　豊：安定余裕を考慮したゲインスケジュールド H_∞ 制御によるロックアップクラッチのスリップ回転制御, 計測自動制御

† 論文誌の巻番号は太字，号番号は細字で表記する．

学会 産業応用論文集，**9**, 2, pp. 2〜10 (2010)

16) G.F. Franklin, J.D. Powell, and M.L. Workman: Digital Control of Dynamic Systems 3rd. edition, Addison Wesley Longman (1998)
17) T. Chen and B. Francis: Optimal Sampled-Data Control Systems, Springer Verlag (1995)
18) 山本　裕，原　辰次，藤岡久也：サンプル値制御理論 I〜VI，連載講座，システム/制御/情報 (1999〜2000)
19) M. Hirata, M. Takiguchi and K. Nonami: Track-Following Control of Hard Disk Drives Using Multi-Rate Sampled-Data H_∞ Control, In Proc. of the 42nd IEEE Conference on Decision and Control, pp. 3414〜3419 (2003)
20) 藤岡久也：Sampled-Data Control Toolbox を用いた HDD ベンチマーク問題に対する設計，電気学会産業計測制御研究会資料，IIC-05-112, pp. 43〜45 (2005)
21) 樋口龍雄，川又政征：MATLAB 対応 ディジタル信号処理，森北出版 (2015)
22) 藤田政之：ロバスト制御性能と μ-シンセシス，システム/制御/情報，**37**, 2, pp. 93〜101 (1993)
23) G. Balas, R. Chiang, A. Packard, and M. Safonov: Robust Control Toolbox User's Guide, The MathWorks (2016)
24) T. Asai and S. Hara: Quadratic Stabilization by the Descriptor Form Rrepresentation with Structured Uncertainties, In Proc. of the SICE'92, pp. 925〜928 (1992)
25) 平田光男，劉　康志，美多　勉：2 慣性系に対する μ-Synthesis を用いた制振制御，電気学会論文誌 D, **114**, 5, pp. 512〜519 (1994)
26) 原　辰次，千田有一，佐伯正美，野波健蔵：ロバスト制御のためのベンチマーク問題 (I) — 3 慣性系に対する位置制御・速度制御 —，計測と制御，**34**, 5, pp. 403〜409 (1995)
27) P.M. Young, M.P. Newlin, and J.C. Doyle: μ Analysis with Real Parametric Uncertainty, In Proc. of the 30th IEEE Conference on Decision and Control, pp. 1251〜1256 (1991)
28) P.M. Young: Controller Design with Mixed Uncertainties, In Proc. of the American Control Conference, pp. 2333〜2337 (1994)
29) 吉田和夫，野波健蔵，小池裕二，横山　誠ほか：運動と振動の制御の最前線，共立出版 (2007)
30) M. Jung and K. Glover: Calibratable Linear Parameter-Varying Control of a Turbocharged Diesel Engine, IEEE Trans. on Control Systems Technology, **14**, 1, pp. 45〜62 (2006)

演習問題の解答

1章

【1】 S, T, PS を求めると次式となる。

$$S = \frac{s}{s+k_p}, \quad T = \frac{k_p}{s+k_p}, \quad PS = \frac{1}{s+k_p}$$

これらのゲインの折線近似を描くと**解図 1.1** となる。これより，k_p を大きくすると，制御帯域が広帯域化されて目標値追従特性が向上し，PS のゲインが全周波数にわたって小さくなることで外乱抑圧特性も向上する。

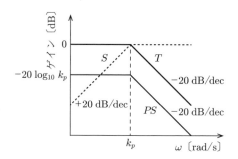

解図 1.1　S, T, PS の折れ線近似

【2】 (1) 一巡伝達関数は $L = k_p/(10\,s+1)$, 周波数 ω におけるゲインは $|L(j\omega)| = k_p/\sqrt{100\,\omega^2 + 1}$ となる。$\omega = 1$ において $|L(j\omega)| = 1$ となるように k_p を定めると $k_p = \sqrt{101}$ となる。

(2) P の極を K の零点で相殺するように PI ゲインを選ぶことから，一巡伝達関数は

$$L = \frac{1}{10\,(s+0.1)} \frac{k_p(s + k_i/k_p)}{s} = \frac{k_p}{10\,s}$$

となる。さらに $k_i = 0.1 k_p$ を得る。$\omega = 1$ において L のゲインが 1 になるように k_p を選ぶと，$k_p = 10$ を得る。したがって，$k_i = 1$。

(3) 略

【3】一例として

$$\omega_{nf} = \sqrt{k_0/\widetilde{M}_0}, \quad \zeta_{nf} = 0.05, \quad d_{nf} = 10$$

と選ぶと，**解図 1.2**(b) に示す応答が得られる。ただし，k_0 および $\widetilde{M}_0$ は k および $\widetilde{M}$ のノミナル値を表す。

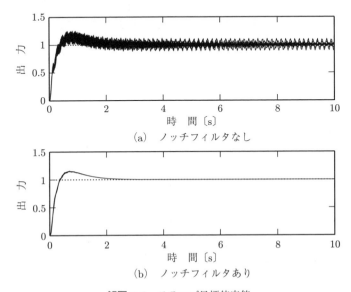

解図 1.2 ステップ目標値応答

【4】(1)
$$P_1 = \frac{m_2 s^2 + cs + k}{s^2[m_1 m_2 s^2 + (m_1+m_2)cs + (m_1+m_2)k]}$$
$$= \frac{1}{Ms^2} + \frac{m_2{}^2/(m_1+m_2)^2}{\widetilde{M}s^2 + cs + k}$$

(2) ステップ目標値応答を**解図 1.3**(a) に破線で示す。

(3) ステップ目標値応答を**解図 1.3**(a) に実線で示す。ナイキスト線図は**解図 1.3**(b) のようになる。制御対象に共振モードを持っても，そのナイキスト線図は -1 から遠ざかる場所を通るため，不安定化は起こらない。このことは，P_1 の第 2 項の符号が正であることと関係する（この関係を，剛体モードと同相であるという）。この例のように，制御対象に変動する共振モードが存在するからといって，直ちに安定化が難しい，とはならない点に注意する。

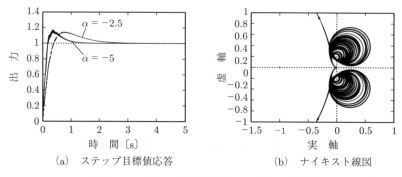

(a) ステップ目標値応答　　　(b) ナイキスト線図

解図 1.3　ステップ目標値応答とナイキスト線図

2章

【1】 一次遅れシステムは $\omega=0$ でゲインが最大になることから，$\|G_1\|_\infty=1/5$ を得る．2次遅れシステムはよく知られるピークゲインの公式から

$$\left\|\frac{\omega_n{}^2}{s^2+2\zeta\omega_n s+\omega_n{}^2}\right\|_\infty = \begin{cases} \dfrac{1}{2\zeta\sqrt{1-\zeta^2}} & \left(0<\zeta\leq\dfrac{\sqrt{2}}{2}\right) \\ 1 & \left(\dfrac{\sqrt{2}}{2}<\zeta\right) \end{cases}$$

が成り立つ．これより，$\|G_2\|_\infty=\sqrt{4/3}$ を得る．

【2】（1）一般化プラントのブロック線図は**解図 2.1**(a) となる．これより，一般化プラントの伝達行列表現は次式となる．

$$G = \left[\begin{array}{c|c} 0 & WP \\ \hline 1 & -P \end{array}\right]$$

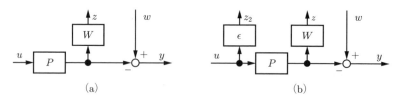

(a) 　　　　　　　　　(b)

解図 2.1　一般化プラント

(2) 重み関数 W は安定なので，**仮定 A1** は満たされる．**仮定 A2** については，制御対象 P は通常厳密にプロパなので，u から z の直達項は 0 となる．したがって，D_{12} の列フルランク条件が満たされない．**仮定 A3** および**仮定 A4** については，題意から P および W は虚軸に極および零点

を持たないので，どちらも満たされる．D_{12} を列フルランクにするためには，**解図 2.1**(b) に示すように，新たな制御量 z_2 を導入すればよい．ただし，ϵ は小さな正数を表す．

【3】 (1) P および W の状態空間実現を次式で定義する．

$$P = \frac{10}{s+1} = (-1, 1, 10, 0) = (A_p, B_p, C_p, 0)$$

$$W = \frac{1}{s+5} = (-5, 1, 1, 0) = (A_w, B_w, C_w, D_w)$$

このとき，一般化プラントの状態空間実現である式 (2.19) および式 (2.20) の各行列は次式となる．

$$A = \begin{bmatrix} A_p & B_p C_w \\ 0 & A_w \end{bmatrix} = \begin{bmatrix} -1 & 1 \\ 0 & -5 \end{bmatrix},$$

$$B = \begin{bmatrix} B_1 & B_2 \end{bmatrix} = \begin{bmatrix} B_p D_w & -B_p \\ B_w & 0 \end{bmatrix} = \begin{bmatrix} 0 & -1 \\ 1 & 0 \end{bmatrix},$$

$$C = \begin{bmatrix} C_1 \\ C_2 \end{bmatrix} = \begin{bmatrix} C_p & 0 \\ \hdashline C_p & 0 \end{bmatrix} = \begin{bmatrix} 10 & 0 \\ \hdashline 10 & 0 \end{bmatrix},$$

$$D = \begin{bmatrix} D_{11} & D_{12} \\ D_{21} & D_{22} \end{bmatrix} = \begin{bmatrix} 0 & 0 \\ \hdashline 0 & 0 \end{bmatrix}$$

(2) 略

(3) P, W および K を具体的に与えてノルム条件を求めると，次式を得る．

$$\left\| \frac{PW}{1+PK} \right\|_\infty = \left\| \frac{10}{(s+1+10\alpha)(s+5)} \right\|_\infty = \frac{2}{10\alpha+1} < 1$$

これより $\alpha > 0.1$ を得る．

【4】 (1) 一般化プラント G のブロック線図は，**解図 2.2** のようになる．

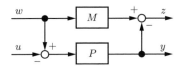

解図 2.2 一般化プラント

(2)
$$G_{zw} = M - \frac{P}{1+PK}$$

(3) $\|G_{zw}\|_\infty = 0 \Leftrightarrow G_{zw} = 0$ より次式を得る。
$$M = \frac{P}{1+PK}$$

【5】 H の固有値と固有ベクトルをそれぞれ λ および $[v_1{}^T, v_2{}^T]^T$ で定義すると，次式が成り立つ。

$$H\begin{bmatrix} v_1 \\ v_2 \end{bmatrix} = \lambda \begin{bmatrix} v_1 \\ v_2 \end{bmatrix}$$

このとき

$$H^T \begin{bmatrix} -v_2 \\ v_2 \end{bmatrix} = (-\lambda) \begin{bmatrix} -v_2 \\ v_1 \end{bmatrix}$$

が成り立つことも容易に確かめられる。H^T と H の固有値は等しいので，H は $-\lambda$ を固有値に持つ。

3章

【1】 $$\Delta_m = \frac{-0.01s}{0.01s+1}, \quad \Delta_a = \frac{-0.01s}{(0.01s+1)(s+1)}$$

【2】 乗法的摂動は $\Delta_m = e^{-\tau_d s} - 1$ となる。これを覆う重みの一つとして，次式が知られる[11]。

$$W = \frac{2.1s}{s+1/\tau_d}$$

Δ_m と W のゲイン線図を**解図 3.1** に示す。

【3】 $\widetilde{P}$ に対する閉ループ系は**解図 3.2**(a)となる。これを，Δ とそれ以外に分離すると**解図 3.2**(b)となり，スモールゲイン定理を適用すると，次式を得る。

$$\left\|\frac{W}{1+PK}\right\|_\infty < 1$$

【4】 前問【3】と同様にすると，次式を得る。

$$\left\|\frac{PW}{1+PK}\right\|_\infty < 1$$

【5】 (1) 閉ループ系の特性方程式 $1+PK=0$ から，閉ループ極は $s = -(a+k_p)$ となる。これが，すべての $a \in [\underline{a}, \overline{a}]$ に対して負になればよいので，$k_p > -\underline{a}$ を得る。

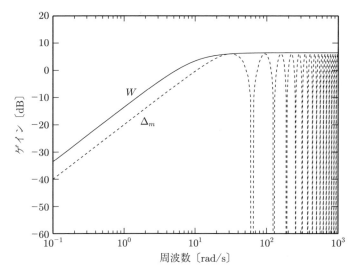

解図 3.1 Δ_m と W のゲイン線図

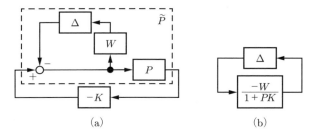

解図 3.2 $\widetilde{P}$ とブロック線図の等価変換

(2) $\Delta = (a - a_0)/W$ と置くと，$|\Delta| \leqq 1$ および

$$\widetilde{P} = \frac{P}{1 + \Delta WP} = \frac{1}{s + a}$$

を満たすことが確かめられる。

(3) 前問【4】の結果を使うと，ロバスト安定化条件は

$$\left\| \frac{PW}{1 + PK} \right\|_\infty = \left\| \frac{W}{s + a_0 + k_p} \right\|_\infty < 1$$

となり，これは $W/(a_0 + k_p) < 1$ に等価となる。ノミナルモデル P に対して閉ループ系は安定でなければならないので，$a_0 + k_p$ は正となる。よって，$W < a_0 + k_p$ から $k_p > W - a_0 = -\underline{a}$ を得る。

4章

【1】 $\|H\|_\infty \leq \|G\|_\infty$ を仮定する。公式より

$$\|G\|_\infty = \left\| \begin{bmatrix} I & O \end{bmatrix} \begin{bmatrix} G \\ H \end{bmatrix} \right\|_\infty \leq \left\| \begin{bmatrix} I & O \end{bmatrix} \right\|_\infty \left\| \begin{bmatrix} G \\ H \end{bmatrix} \right\|_\infty$$

が成り立つ。$\|[I,O]\|_\infty = 1$ より

$$\left\| \begin{bmatrix} G \\ H \end{bmatrix} \right\|_\infty < 1 \text{ ならば } \|H\|_\infty \leq \|G\|_\infty < 1$$

を満たす。

【2】 (1)
$$A_{cl} = \begin{bmatrix} a_p - b_p d_k & b_p \\ -b_k & a_k \end{bmatrix}, \quad B_{cl} = \begin{bmatrix} b_p d_k \\ b_k \end{bmatrix},$$
$$C_{cl} = \begin{bmatrix} c_p & 0 \end{bmatrix}, \quad D_{cl} = 0$$

(2) P と K の伝達関数表現は次式となる。

$$P = \frac{b_p}{s - a_p}, \quad K = \frac{b_k}{s - a_k} + d_k = \frac{d_k(s - a_k + b_k/d_k)}{s - a_k}$$

題意から，P の極と K の零点が一致するので $a_p = a_k - b_k/d_k$ が成り立つ。この関係を使うと，$v = [1, d_k]^T$ に対して $A_{cl}v = a_p v$ がいえる。したがって，A_{cl} は P の極である a_p を固有値に持つ。

(3) $s = a_p$ に対して $[A_{cl} - sI, B_{cl}]$ のランクが 2 未満になることを示せばよい。実際に計算すると次式となる。

$$\text{rank}[A_{cl} - a_p I, B_{cl}]$$
$$= \text{rank} \left\{ \begin{bmatrix} b_p & 0 \\ 0 & b_k/d_k \end{bmatrix} \begin{bmatrix} -d_k & 1 & d_k \\ -d_k & 1 & d_k \end{bmatrix} \right\} = 1$$

【3】 (1) 一般化プラント G のブロック線図は**解図 4.1** のようになる。また，G は次式となる。

$$G = \begin{bmatrix} W_S & -W_S P \\ 0 & W_T \\ \hline 1 & -P \end{bmatrix}$$

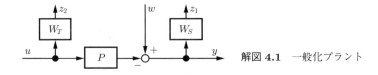

解図 4.1　一般化プラント

(2) 仮定 **A1** については，W_T および W_S が安定であれば満たされる。したがって，以下，W_S および W_T は安定とする。仮定 **A2** について，D_{12} は，W_T が直達項を持てば縦長列フルランクとなる。D_{21} は解図 **4.1** から 1 となるので，フルランクとなる。仮定 **A3** については，P が虚軸上に極を持っても，W_S と P の間で極零相殺がなければ，その極は (C_1, A) の可観測モードとなるので，G_{12} は虚軸上に不変零点は持たない。仮定 **A4** については，P が虚軸上に極を持つと，それが，(A, B_1) の不可制御モードとなるので，G_{21} は虚軸上に不変零点を持つ。これらを整理すると，W_S および W_T が安定で，W_T は直達項を持ち，P が虚軸上に極を持たなければ，標準 H_∞ 制御問題の仮定をすべて満たす。

(3)
$$G = \left[\begin{array}{c|cc} A & B_1 & B_2 \\ \hline C_1 & D_{11} & D_{12} \\ C_2 & D_{21} & D_{22} \end{array}\right] = \left[\begin{array}{c|c:c} A_p & O & B_p \\ \hline -C_p & 1 & 0 \\ O & 0 & 1 \\ \hdashline -C_p & 1 & 0 \end{array}\right]$$

5 章

【1】 低周波の折点周波数を ω_L，高周波の折点周波数を ω_H とすると
$$\omega_L = \omega_c g_L, \quad \omega_H = \omega_c g_H$$
である。したがって
$$W = \frac{s + \omega_L}{s + \omega_H} g_H = \frac{s + \omega_c g_L}{s + \omega_c g_H} g_H$$
となる。

【2】 (1) 解図 **5.1** より明らか。

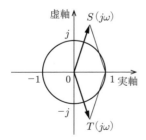

解図 **5.1** $S(j\omega)$ と $T(j\omega)$ の関係

(2) 解図 **5.2**(a) のナイキスト線図より次式が成り立つことは明らか。これ

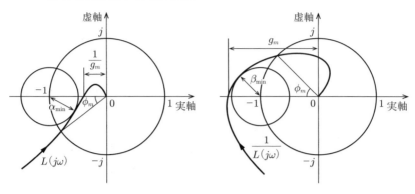

(a) ナイキスト線図　　　　　(b) 逆ナイキスト線図

解図 5.2 ナイキスト線図と逆ナイキスト線図

らの式から $\alpha_{\min}$ を消去すればよい。

$$\alpha_{\min} = \min_\omega |L(j\omega) + 1| = \frac{1}{\|S\|_\infty}$$

$$1 - \alpha_{\min} \geq \frac{1}{g_m}, \quad \frac{\phi_m}{2} \geq \arcsin\left(\frac{\alpha_{\min}}{2}\right)$$

(3) $1/L(j\omega)$ のベクトル軌跡を描いた**解図 5.2**(b) の逆ナイキスト線図を使う。この図から，次式が成り立つことは明らか。これらの式から $\beta_{\min}$ を消去すればよい。

$$\beta_{\min} = \min_\omega \left|\frac{1}{L(j\omega)} + 1\right| = \frac{1}{\|T\|_\infty}$$

$$g_m \geq 1 + \beta_{min}, \quad \phi_m \geq 2\arcsin\left(\frac{\beta_{\min}}{2}\right)$$

【3】 式 (5.25) を初期値 0 でラプラス変換し，式 (5.23) を代入して整理すると次式を得る。

$$(z-1)X = \frac{AT}{2}(z+1)X + \frac{BT}{2}(z+1)U$$

ただし，以下，A_c, B_c, C_c, D_c, x_c の添え字 c および T_s の添え字 s を省略する。また，X, U は x, u のラプラス変換とする。これを時間域に戻すと

$$x[k+1] - x[k] = \frac{AT}{2}(x[k+1] + x[k]) + \frac{BT}{2}(u[k+1] + u[k])$$

となる。
$w[k+1]$ をつぎのように定義する。

$$x[k+1] - \frac{AT}{2}x[k+1] - \frac{BT}{2}u[k+1] = x[k] + \frac{AT}{2}x[k] + \frac{BT}{2}u[k]$$
$$=: \sqrt{T}w[k+1] \qquad (1)$$

$k+1$ を k に置き換えて，$x[k]$ について解くと次式を得る．

$$x[k] = \left(I - \frac{AT}{2}\right)^{-1}\sqrt{T}w[k] + \left(I - \frac{AT}{2}\right)^{-1}\frac{BT}{2}u[k] \qquad (2)$$

式 (2) を式 (1) に代入して整理すると，つぎの状態方程式を得る．

$$w[k+1] = \left(I + \frac{AT}{2}\right)\left(I - \frac{AT}{2}\right)^{-1}w[k] + \left(I - \frac{AT}{2}\right)^{-1}B\sqrt{T}u[k]$$

さらに，式 (2) を $u[k] = Cx[k] + Du[k]$ に代入して整理すると，つぎの出力方程式を得る．

$$u[k] = \sqrt{T}C\left(I - \frac{AT}{2}\right)^{-1}w[k] + \left\{D + C\left(I - \frac{AT}{2}\right)^{-1}\frac{BT}{2}\right\}u[k]$$

【4】 K_1 を ω_1 でプリワープして双 1 次変換を行い，K_2 を ω_2 でプリワープして双 1 次変換を行う．そして，その後，両者を加えたものを離散時間制御器とする，といった方法が考えられる．

あ と が き

　読者が本書を片手に MATLAB を使いながら，実際にロバスト制御系が設計できるようになるために，筆者がこれまで関わった実制御対象への適用経験をもとに，なるべく具体的に解説した．したがって，内容に若干の偏りがあることは否めない．制御対象についても，筆者がこれまで研究対象としていたハードディスクドライブや多慣性システムになっているのもそのせいである．しかし，本書で紹介した設計法をマスターすれば，よりアドバンストな設計法への展開や，別の制御対象に対しても応用が利くであろう．

　本書で紹介できなかった内容の中で，実システムへの有用性が認識されている設計法として，ゲインスケジュールド H_∞ 制御（以下，GS 制御）がある．この方法は，制御対象の摂動が直接的あるいは間接的に観測できるときのロバスト制御であり，摂動の情報を使ってリアルタイムに制御器をスケジューリングする点が特徴となっている．固定制御器では，摂動が大きいと制御性能の向上が難しくなるが，GS 制御では摂動の情報をうまく使うことで，大きな摂動に対しても制御性能の向上が見込める．

　筆者も，文献15)において，自動車のオートマチックトランスミッションのクラッチ制御系に対して GS 制御を適用した．制御対象の摂動が車速と相関が高いという点に着目し，車速で制御器をスケジューリングすることで，広い範囲の摂動に対してつねに良好な性能を達成する制御器を求めることができた．一方，文献29)には，アクチュエータに飽和を持つシステムやセミアクティブサスペンションシステムなどの非線形システムを，摂動を持つ線形システムとしてモデル化し，GS 制御を適用する例が紹介されている．文献30)では，同じ考えを，ディーゼルエンジンの吸排気系の制御に適用し，効果を上げている．RCT には，GS 制御のための関数も備わっていることから，ぜひ試してみていただ

きたい．

　本書では，制御対象を 1 入出力システムに限定し，多入出力システムの場合の設計については，触れることができなかった．多入出力システムでは，ゲイン線図のかわりに特異値プロットを使うことになる．基本的な考え方は，1 入出力システムの場合と大きく変わらないが，重み関数も多入出力システムとなり，調整パラメータが増える分，設計は難しくなる．1 入出力システムに対する設計を通して基本的な考え方をマスターしてから，多入出力システムの設計に挑戦するのがよいだろう．

　RCT は，最新の研究成果をベースに，制御器の構造を固定した H_∞ 制御問題（hinfstruct）や，複数の目的関数や制約条件，例えば，H_2 ノルム指標，安定余裕度，閉ループ極の領域制約や外乱抑圧性能などを同時に考慮した，制御器の自動チューニング問題（systune）なども取り扱えるようになるなど，つねに進化し続けている．このような新しい設計法を理解するうえでも，本書が役に立つことを期待したい．

　最後になるが，ロバスト制御を使っても，制御対象の摂動が大きければ大きいほど得られる制御性能は低くなる．摂動の小さな制御対象を構築するという努力を怠ってはならないのはいうまでもない．

索　　引

【あ】
安定　184
安定化解　34
安定行列　186
安定極　185
安定固有値　186

【い】
一般化プラント　21
インプロパ　177

【う】
上側線形分数変換　195

【お】
重み関数　25

【か】
可安定　188
外部入力　21
可観測　188
可観測性行列　188
可観測モード　189
可検出　189
重ね合わせの理　176
加算器　126
可制御　187
可制御性行列　187
可制御モード　187
加法的摂動　43
観測出力　22
感度関数　4

【き】
規範モデル　80
共振ピーク　104
極　177

【け】
係数乗算器　126
厳密にプロパ　177

【こ】
交差周波数　7
構造化特異値 μ　131
構造的摂動　15
混合感度問題　54
混合 μ 設計　172

【さ】
最悪外乱　23
最大特異値　22
サンプル値 H_∞ 制御理論　123

【し】
次数差　177
システム　176
システム行列　190
下側線形分数変換　195
入出力安定　184
修正混合感度問題　71
出力　181
出力端混合感度問題　55
出力方程式　180
準相補感度関数　48

【す】
状態　180
状態空間実現　180
状態ベクトル　181
状態変数　180
状態方程式　180
乗法的摂動　40, 92

【す】
スター積　197
スピルオーバー　12
スモールゲイン定理　46

【せ】
制御帯域　5
制御入力　22
制御量　22
正規ランク　190
摂動　2
ゼロクロス周波数　7
零点　177
漸近安定　185
線形システム　176
線形時不変システム　176
線形分数変換　194

【そ】
双 1 次変換　120
相似変換　182
相補感度関数　4

【た】
台形積分法　120
代数型リッカチ方程式　34
多入出力システム　179

単位遅延要素	126	

【ち】

中心解	36
重複スカラブロック	131
直接型 I	125
直接型 II	126
直結フィードバック制御系	191

【て】

ディジタルフィルタ	124
ディスクリプタシステム	142
適切	192
適切さ	192
伝達関数	177
伝達行列	179
伝達零点	190

【と】

ドイルの記号法	183
動的システム	176
動的摂動	42
特性多項式	177
特性方程式	177

【な】

内部安定	193

【に】

入力	181
入力端混合感度問題	55
入力端に加わる外乱	92

【の】

ノミナル性能	16

【は】

バイプロパ	177
ハミルトニアン行列	34
バンド幅	5

【ひ】

非構造的摂動	15
標準 H_∞ 制御問題	28
標準形	127

【ふ】

不安定極	185
不安定固有値	186
不可観測	188
不可観測モード	189
不可制御	187
不可制御モード	187
不変零点	190
プリワープ	122
フルブロック	131

【索引】

ブロッキング零点	190
プロパ	177

【む】

無限遠点零点	178
無限次元システム	177

【も】

モデリング	2
モデル化誤差	2
モデル集合	42
モデルマッチング 2 自由度制御系	79

【ゆ】

有限次元システム	177
有理関数	177

【り】

リップル	123

【る】

ループ整形法	6

【ろ】

ロバスト安定化問題	16, 46
ロバスト制御	1
ロバスト性能問題	16

【英字】

D–K イタレーション	148
H_∞ 制御	16, 22
H_∞ ノルム	22

【ギリシャ文字】

γ イタレーション	24
μ 解析	147
μ 設計	147
μ 設計法	17

【数字】

1 自由度制御系	79
1 入出力システム	176
2 自由度制御系	79
2 ポートシステム	195

―― 著者略歴 ――

- 1991年 千葉大学工学部電気工学科卒業
- 1993年 千葉大学大学院工学研究科修士課程修了（電気工学専攻）
- 1996年 千葉大学大学院自然科学研究科博士課程修了（生産科学専攻）
  博士（工学）
- 1996年 千葉大学助手
- 2004年 宇都宮大学助教授
- 2007年 宇都宮大学准教授
- 2013年 宇都宮大学教授
  現在に至る

実践ロバスト制御
Practical Robust Control　　　　　　　　　　　　　© Mitsuo Hirata 2017

2017年 4月17日　初版第1刷発行
2021年 9月20日　初版第3刷発行

検印省略	著　者	平　田　光　男
	発行者	株式会社　コロナ社
		代表者　牛来真也
	印刷所	三美印刷株式会社
	製本所	有限会社　愛千製本所

112-0011　東京都文京区千石 4-46-10
発行所　株式会社　コロナ社
CORONA PUBLISHING CO., LTD.
Tokyo Japan
振替 00140-8-14844・電話(03)3941-3131(代)
ホームページ　https://www.coronasha.co.jp

ISBN 978-4-339-03311-3　C3353　Printed in Japan　　　（新井）

〈出版者著作権管理機構　委託出版物〉
本書の無断複製は著作権法上での例外を除き禁じられています。複製される場合は，そのつど事前に，出版者著作権管理機構（電話 03-5244-5088, FAX 03-5244-5089, e-mail: info@jcopy.or.jp）の許諾を得てください。

本書のコピー，スキャン，デジタル化等の無断複製・転載は著作権法上での例外を除き禁じられています。購入者以外の第三者による本書の電子データ化及び電子書籍化は，いかなる場合も認めていません。
落丁・乱丁はお取替えいたします。

メカトロニクス教科書シリーズ

(各巻A5判，欠番は品切です)

■編集委員長　安田仁彦
■編集委員　末松良一・妹尾允史・高木章二
　　　　　　藤本英雄・武藤高義

配本順			頁	本体
1.（18回）	新版 メカトロニクスのための 電子回路基礎	西堀賢司著	220	3000円
2.（3回）	メカトロニクスのための 制御工学	高木章二著	252	3000円
3.（13回）	アクチュエータの駆動と制御（増補）	武藤高義著	200	2400円
4.（2回）	センシング工学	新美智秀著	180	2200円
6.（5回）	コンピュータ統合生産システム	藤本英雄著	228	2800円
7.（16回）	材料デバイス工学	妹尾允史・伊藤智徳共著	196	2800円
8.（6回）	ロボット工学	遠山茂樹著	168	2400円
9.（17回）	画像処理工学（改訂版）	末松良一・山田宏尚共著	238	3000円
10.（9回）	超精密加工学	丸井悦男著	230	3000円
11.（8回）	計測と信号処理	鳥居孝夫著	186	2300円
13.（14回）	光工学	羽根一博著	218	2900円
14.（10回）	動的システム論	鈴木正之他著	208	2700円
15.（15回）	メカトロニクスのための トライボロジー入門	田中勝之・川久保洋二共著	240	3000円

定価は本体価格+税です。
定価は変更されることがありますのでご了承下さい。

図書目録進呈◆

ロボティクスシリーズ

(各巻A5判,欠番は品切です)

- ■編集委員長　有本　卓
- ■幹　　　事　川村貞夫
- ■編集委員　石井　明・手嶋教之・渡部　透

配本順				頁	本体
1.（5回）	ロボティクス概論	有本　卓編著		176	2300円
2.（13回）	電気電子回路 ―アナログ・ディジタル回路―	杉田　進・山中克彦・小西　聡共著		192	2400円
3.（17回）	メカトロニクス計測の基礎（改訂版） ―新SI対応―	石井　明・木股雅章・金子　透共著		160	2200円
4.（6回）	信号処理論	牧川方昭著		142	1900円
5.（11回）	応用センサ工学	川村貞夫編著		150	2000円
6.（4回）	知能科学 ―ロボットの"知"と"巧みさ"―	有本　卓著		200	2500円
7.（18回）	モデリングと制御	平井慎一・坪内孝司・秋下貞夫共著		214	2900円
8.（14回）	ロボット機構学	永井　清・土橋宏規共著		140	1900円
9.	ロボット制御システム	玄　相昊編著			
10.（15回）	ロボットと解析力学	有本　卓・田原健二共著		204	2700円
11.（1回）	オートメーション工学	渡部　透著		184	2300円
12.（9回）	基礎福祉工学	手嶋教之・米本清・相川貞之・糟谷佐訓・木村朗紀共著		176	2300円
13.（3回）	制御用アクチュエータの基礎	川村貞夫・野方誠・田所諭・早川恭弘・松浦裕共著		144	1900円
15.（7回）	マシンビジョン	石井　明・斉藤文彦共著		160	2000円
16.（10回）	感覚生理工学	飯田健夫著		158	2400円
17.（8回）	運動のバイオメカニクス ―運動メカニズムのハードウェアとソフトウェア―	牧川方昭・吉田正樹共著		206	2700円
18.（16回）	身体運動とロボティクス	川村貞夫編著		144	2200円

定価は本体価格+税です。
定価は変更されることがありますのでご了承下さい。

図書目録進呈◆

計測・制御テクノロジーシリーズ

(各巻A5判，欠番は品切または未発行です)

■計測自動制御学会 編

	配本順			頁	本体
1.	(18回)	計測技術の基礎（改訂版） ―新SI対応―	山﨑 弘郎 田中 充 共著	250	3600円
2.	(8回)	センシングのための情報と数理	出口 光一郎 本多 敏 共著	172	2400円
3.	(11回)	センサの基本と実用回路	中沢 信明 松井 利一 山田 功 共著	192	2800円
4.	(17回)	計測のための統計	寺本 顕武 椿 広計 共著	288	3900円
5.	(5回)	産業応用計測技術	黒森 健一 他著	216	2900円
6.	(16回)	量子力学的手法による システムと制御	伊丹・松井 乾 ・全 共著	256	3400円
7.	(13回)	フィードバック制御	荒木 光彦 細江 繁幸 共著	200	2800円
9.	(15回)	システム同定	和田・奥 田中・大松 共著	264	3600円
11.	(4回)	プロセス制御	高津 春雄 編著	232	3200円
13.	(6回)	ビークル	金井 喜美雄 他著	230	3200円
15.	(7回)	信号処理入門	小畑 秀文 浜田 望 田村 秀安孝 共著	250	3400円
16.	(12回)	知識基盤社会のための 人工知能入門	國藤 進 中田 豊久 羽山 徹彩 共著	238	3000円
17.	(2回)	システム工学	中森 義輝 著	238	3200円
19.	(3回)	システム制御のための数学	田村 捷利 武藤 康彦 笹川 徹史 共著	220	3000円
20.	(10回)	情報数学 ―組合せと整数および アルゴリズム解析の数学―	浅野 孝夫 著	252	3300円
21.	(14回)	生体システム工学の基礎	福岡 豊 内山 孝憲 野村 泰伸 共著	252	3200円

定価は本体価格+税です。
定価は変更されることがありますのでご了承下さい。

図書目録進呈◆

システム制御工学シリーズ

(各巻A5判，欠番は品切です)

■編集委員長　池田雅夫
■編集委員　足立修一・梶原宏之・杉江俊治・藤田政之

配本順		書名	著者	頁	本体
2.	(1回)	信号とダイナミカルシステム	足立修一 著	216	2800円
3.	(3回)	フィードバック制御入門	杉江俊治・藤田政之 共著	236	3000円
4.	(6回)	線形システム制御入門	梶原宏之 著	200	2500円
6.	(17回)	システム制御工学演習	杉江俊治・梶原宏之 共著	272	3400円
7.	(7回)	システム制御のための数学(1) ―線形代数編―	太田快人 著	266	3200円
8.	(23回)	システム制御のための数学(2) ―関数解析編―	太田快人 著	288	3900円
9.	(12回)	多変数システム制御	池田雅夫・藤崎泰正 共著	188	2400円
10.	(22回)	適応制御	宮里義彦 著	248	3400円
11.	(21回)	実践ロバスト制御	平田光男 著	228	3100円
12.	(8回)	システム制御のための安定論	井村順一 著	250	3200円
13.	(5回)	スペースクラフトの制御	木田隆 著	192	2400円
14.	(9回)	プロセス制御システム	大嶋正裕 著	206	2600円
15.	(10回)	状態推定の理論	内田健康・山中一雄 共著	176	2200円
16.	(11回)	むだ時間・分布定数系の制御	阿部直人・児島晃 共著	204	2600円
17.	(13回)	システム動力学と振動制御	野波健蔵 著	208	2800円
18.	(14回)	非線形最適制御入門	大塚敏之 著	232	3000円
19.	(15回)	線形システム解析	汐月哲夫 著	240	3000円
20.	(16回)	ハイブリッドシステムの制御	井村順一・東俊一・増淵泉 共著	238	3000円
21.	(18回)	システム制御のための最適化理論	延瀬昇・山部英沢 共著	272	3400円
22.	(19回)	マルチエージェントシステムの制御	東俊一・永原正章 編著	232	3000円
23.	(20回)	行列不等式アプローチによる制御系設計	小原敦美 著	264	3500円

定価は本体価格+税です。
定価は変更されることがありますのでご了承下さい。

図書目録進呈◆